U0145965

不为人生设限

年轻人终身成长的42个高效方法

李柳红 ◎ 著

北京大学出版社
PEKING UNIVERSITY PRESS

内 容 简 介

这是一本给年轻人的成长秘籍。

当今时代不同于任何一个时代，年轻人所面对的压力与迷茫，也与任何时候都不同。怎么能够在这个全新的时代，重新认识自己、修正自己、接纳自己、提升自己，实现完整的自我成长，是每一位年轻人都在面临的挑战。

本书共 4 大部分，分别从 4 个不同的方面，揭示年轻人成长的底层逻辑。第一部分：自我认知与人生选择；第二部分：职场认知与职业规划；第三部分：情感认知与社交筛选；第四部分：家庭认知与角色转变。本书适合所有处于迷茫期与选择关键节点、想要实现自我成长的读者阅读。

图书在版编目(CIP)数据

不为人生设限：年轻人终身成长的 42 个高效方法 / 李柳红著 . — 北京：北京大学出版社，2024.3

ISBN 978-7-301-34849-9

Ⅰ.①不… Ⅱ.①李… Ⅲ.①人生哲学－青年读物 Ⅳ.① B821-49

中国国家版本馆 CIP 数据核字 (2024) 第 021768 号

书　　　名	不为人生设限：年轻人终身成长的42个高效方法
	BUWEI RENSHENG SHEXIAN: NIANQINGREN ZHONGSHEN CHENGZHANG DE 42 GE GAOXIAO FANGFA
著作责任者	李柳红　著
责 任 编 辑	王继伟　杨　爽
标 准 书 号	ISBN 978-7-301-34849-9
出 版 发 行	北京大学出版社
地　　　址	北京市海淀区成府路205 号　100871
网　　　址	http://www.pup.cn　　新浪微博：@北京大学出版社
电 子 邮 箱	编辑部 pup7@pup.cn　总编室 zpup@pup.cn
电　　　话	邮购部 010-62752015　发行部 010-62750672　编辑部 010-62570390
印 刷 者	三河市北燕印装有限公司
经 销 者	新华书店
	720毫米×1092毫米　32开本　7.5印张　160千字
	2024年3月第1版　2024年3月第1次印刷
印　　　数	1-4000 册
定　　　价	49.00 元

未经许可，不得以任何方式复制或抄袭本书之部分或全部内容。

版权所有，侵权必究

举报电话：010-62752024　电子邮箱：fd@pup.cn

图书如有印装质量问题，请与出版部联系。电话：010-62756370

熟悉我的亲友都知道，我有两个孩子：一个 12 岁，一个 6 岁。

他们不知道的是，我还有一个叫"梦想"的孩子，它 32 岁。

1

那是一条名叫韩江的弯弯的小河，河的两岸散落着零星的小村庄。女孩出生在其中一个小村庄里，屋前的河水记载着她成长的模样，屋后的大山教会她挺直了脊梁。

女孩从小就喜欢读书。父母争吵的时候，女孩拿着一本书躲进小房间，能看上一整天。女孩六年级时，学校订了一本叫《广东第二课堂》的杂志。读着这些同龄人的文章，女孩既羡慕又向往，她对身边的小伙伴说："总有一天，我的文章也能发表在上面。"小伙伴看了她一眼，大笑。她没有理会小伙伴的嘲笑，一本正经地说："有一天，我会成为一名作家。"

2

若干年后，师范学校毕业的女孩成了家乡小镇上的一名小学教师。别人追剧，她旅行；别人打麻将，她读书；别人"侃大山"，她写文章。不过，那时她离梦想仍然很远很远。

24 岁那年，她把自己所有的文章重新梳理了一遍，分门别类地放进了信封，信封里夹着一封写给编辑的信。

敬爱的编辑老师：

您好！

我是一名平凡的作者，读着席慕蓉、毕淑敏、琼瑶、梁凤仪的作品长大，我有过很多很多关于亲情的、友情的、爱情的、人生的思考。而这些思考，有的被我永远埋在了心中，有的变成了下面的这些文字。

我没有权利要求您像我一样喜欢和呵护这些文字，但是，请您尊重它们。

我想把它们变成一本书，像毕淑敏的《我很重要》，像琼瑶的《窗外》……让它们被一部分读者深深地喜爱，是我异想天开的、幼稚的、执着的想法。从 12 岁到今天，当然，也包括以后。

所以请您，有空的话一定要看看它。如果没有空，请花几分钟把它寄还给我（随信附上回信的邮票）。谢谢！

我的名字叫昕钰。

3

"昕钰"这两个字是她查字典查来的，她把这两个字解释为：有太阳的地方就能发现这块宝玉。至今她还记得她写下它们时虔诚的样子。

后来，女孩来到深圳，先当了一名临聘教师，然后考取了编制，接着做到了学校的中层。她恋爱，结婚，买车，买房，生活越来越安逸。只是，她离成为作家的梦想，似乎越来越远了。

不过，闲暇时光里，她仍然爱读书，有时也写写教育、教学方面的感悟。

2014 年，重回教学一线的她突发奇想：或许，我可以出一本关于教育、教学的书。

于是，她整理了自己从教多年写下来的文章，然后，真的出了一本书。

因为她特别喜欢古龙先生笔下的小李飞刀，知道她喜好的同事平时就亲昵地称呼她为"飞刀"，学生则称呼她为"飞刀老师"。在她的眼里，教育工作和太极拳一样，都是慢功夫。因此，她的这本书题目就叫《飞刀老师的"太极拳"》。

她是忐忑的。她在前言中说：这不是一个优秀教师的成功经验，只是一个成长中教师的亲身体验。

她是幸福的。这本书的后记中，她说：这本书的出版，告诉她梦想是可以实现的；当然，它有时会拐个弯。

有一天，她收到一条小学同学的信息："大作家，可以送我一本你的签名书吗？"

看到信息的那一瞬间，她突然想起了那个 12 岁的小女孩，想起了那个小女孩引以为豪的作家梦。

谁没有藏在心底的梦想呢？谁没有在实现梦想的过程中走过弯路呢？只要前方能看见光，哪需要理会黑夜如何漫长？

4

如今，她已经从一名一线教师成长为一名教研员。同时，在争吵的家庭中长大的她，因为知道孩子真正需要的"富养"是什么，所以，为了修炼自己，为了自己的孩子，为了更多的孩子，她还成了一名学校教育和家庭教育的讲师。

2017 年 5 月的一天，她和就读六年级的 12 岁的孩子们一起，阅读一个名为《最后的遗言》的故事。故事的主角是法国牧师纳德·兰塞姆，他的墓碑上刻着："假如时光可以倒流，世界上将有一半的人可以成为伟人。"

她微笑着对同学们说："还记得我们一起制作的'梦想清单'吗？不需要时间倒流，如果你知道自己的梦想是什么，并为了你的梦想而奋斗，你就是一个伟人。"

而她自己，成为伟人了吗？

没有。

她只知道，在说出希望自己的文章发表的 2 年后，她的第一篇小故事《奖状》印在了《广东第二课堂》上。

她只知道，那些 24 岁整理的书稿，她打印了很多份，也买了好多好多的邮票，却最终把书稿和邮票压在箱子里。不过，即使搬了很多次家，那些书稿、邮票她始终没有扔掉。

她只知道，出书的过程有过太多太多的挣扎，但她仍然用 2015 年的暑假一遍又一遍地在电脑前核对那些文字，无比紧张又充满欢喜。

她只知道，在结束教师系列课程或者家长系列课程后，汗流浃背地把道具一件又一件往楼下搬的时候，深圳的天空已是繁星点点。她一遍又一遍地问自己：这么辛苦，到底是为了什么？

没有答案。

5

她曾经的梦想是成为一名作家。

如今，她的梦想是：等老了，可以笑着回忆起"她"。

那个她，就是我：笔名昕钰，学生口中的"飞刀老师"，那个天真的小女孩，那个朴素的少女，那个打满"鸡血"的少妇，那个对生活、对工作充满热情的中年女子，将来，她还会是一个俏皮可爱的老太婆。

在书房写这篇文章的时候，我旁边的书柜上，就摆着那本没有畅销、没有出名的我心爱的书——《飞刀老师的"太极拳"》。

如今，我鼓足勇气写第二本书了，当你拿到这本书时，你也在见证我的梦想。

有人说，写一本书，就像生育了一个孩子。我把当年那些压箱底的文稿拿了出来，重新修改，毫无保留地分享给你；还把这些年来我的以及我看到的、听到的故事记录了下来，同样毫无保留地分享给你，让你看到一个普通人的爱和希望，一个追梦人的执着，一个读书人的成长，一个妈妈的挣扎和幸福……

感谢 12 岁时，那个曾经许下愿望的自己，也感谢手捧这本书的你，谢谢你看见我的梦想，相信你也能因此看见你的梦想。

目 录
Contents

Part 第二部分 02

职场认知与职业规划

Part
第三部分 03

情感认知与社交筛选

Part 04
第四部分

家庭认知与角色转变

第一部分

自我认知与人生选择

你见过生命最好的姿态是怎样的？

我家对面是一个小公园，绿树成荫，鲜花遍地，鸟语蝉鸣，是一个休闲的好地方。

小公园里，每天早上都有好几支队伍在锻炼，有打太极拳的，有练八段锦的，有跳广场舞的。其中，我关注最多的是跳广场舞的人群。每天早上 7 点多，一群"辣妈"就会陆陆续续出现在公园里，其中一位打开随身带来的音箱，在欢快的音乐声中，大家就开始舞动起来。

广场舞是一种大众韵律操，老少皆宜，既能锻炼身体，又能陶冶情操。如果早上跑完步时间还早，我就会在队伍的后面跟着跳一会儿，然后回家吃早餐。

久而久之，我就跟这些"辣妈"混熟了，也有机会听到她们的故事。

01

陈姐有 4 个孩子，搬到现在的小区居住，是因为要带孙子，所以，她调侃说，年纪最大的自己是这个舞蹈队里的"资深辣妈"。

陈姐年轻的时候在公司上班，是那种干起活来特别起劲的人，很幸运的是，她的工作也得到了领导的认可，后来还担任了一个部门的负责人。

陈姐临近退休的时候，老公生病了。一开始，这个节俭了一辈子的男人不肯去医院检查，准备像往常一样吃几片药就熬过去。后来发现吃了药心口还是痛得厉害，没有办法，才去医院。医院刚开始的诊断是心脏积水，于是他开始住院治疗心脏；但后面继续检查，才发现是肺部的病变引起的心脏问题；再继续深入检查，发现已经到了肺癌晚期。

从发现肺癌到离开人世，陈姐的老公只用了半年时间。这半年时间里，她陪着老公做各种检查、治疗，所有能试的方法都试了，但最后还是眼睁睁地看着老公离开了。

辛苦了一辈子，一直想着退休后再享受生活的老公就这样匆忙离开了人世。陈姐无法接受这个事实，她见了谁都像祥林嫂一样哭诉，哭诉她为什么没有早点发现老公的病情，哭诉她为什么没有劝老公好好享受生活……这种行为虽然让她拥有了很多人的同情和关怀，但是并不能真正缓解她的痛苦，只是让每个听了她的故事的人都忍不住感叹她的"苦"和"惨"。

一天，当她又陷在痛苦里自怨自艾的时候，她想起了老公还没有生病前她就喜欢的广场舞。

跟儿子表达了想跳广场舞的愿望后，儿子建议她搬过去跟他一起住，因为儿子小区旁边就有一个跳广场舞的群体，每天早晚都有人在跳舞。于是，她跟着儿子搬到了现在居住的小区，并且接受邻居的邀约再次开始跳舞。在舞蹈中，她开始把注意力放在了感受音乐节奏上，练习动作上，记歌词上……她终于慢慢恢复了生命力。

02

青莲是几年前喜欢上跳舞的。因为跳的大部分是健身操，所以她和姐妹们拉了一个微信群，叫"辣妈健身操群"。每天早上、晚上，只要没有特殊情况，她都会准时出现在小公园，领着大家跳健身操、广场舞。慢慢地，她就成了这个队伍的领队，大家都亲切地喊她"莲姐"。公园里每天用的音箱，就是莲姐从家里带来的。

莲姐是一个全职太太。她年轻的时候就职于一家世界"500 强"的大公司，还曾经被公司派到国外工作了 3 年。因为忙于工作，她甚至连消费的时间都没有，所以手头比较宽裕，从国外回来后就全款买下了深圳核心地段的房产。但也因为忙于工作，她结婚比较晚，生下大儿子的时候，她已经 33 岁了。

她在大儿子上初一的时候搬到我家旁边的小区。搬过来没有几个月，45 岁高龄的她生下了小儿子。

从月子中心出来之后，莲姐迅速回归了舞蹈队，又开始了早上、晚上的健身操、广场舞锻炼。

如今，年近50岁的莲姐状态好得像30多岁。她说，她办了空中瑜伽的卡，也有私人健身教练，但是，只有在公园里的舞蹈队中，她才能找到那种大汗淋漓又舒心无比的感觉，可能是因为头顶有灿烂的阳光，周边有绿绿的树木，身边有一群能量满满的姐妹？她说不清楚原因。之前打拼给她积攒下来的财富，让她现在每一天都过得很有底气，而每天到公园的舞蹈队"打卡"，也让她的生活充满了期待和快乐。

03

阿青也是一个全职太太，和莲姐不同的是，她没有过年轻时的奋斗史。她30岁出头，有一头柔顺的头发，衬托着娇嫩的脸蛋，可以看出生活的优渥。她大学毕业没有多久，就通过相亲认识了现在的老公，然后很快就结婚了。婚后老公让她辞去工作照顾孩子，说他是高管，收入可以满足家庭开支，阿青犹豫了没多久，就听从了老公的建议。

如今，阿青已经做了7年的全职太太。她每天的工作，就是买菜、做饭、打扫卫生、接送孩子。

2022年，阿青追完了佟大为和白百何主演的电视剧《我们的婚姻》。她跟我们说，她就是剧中的蒋静，把所有的时间、精力都给了家庭，给了孩子，让丈夫可以在外安心打拼，但在丈夫的眼里一文不值。与电视剧不同的是，目前她的丈夫没有出轨，他们也没有打算离婚。

不过，掌心向上的日子终究还是不好过的，有时她要的生活费稍微多一些，丈夫就会问她要那么多钱干什么。有一次还开玩笑似的问她："这么多年，小金库建得怎么样啊？"她无比受伤却又不知道如何反驳。

偶尔，她也会跟丈夫闹脾气，特别是在她觉得一个人在家很无聊的时候，丈夫连续多天晚归的时候，丈夫频繁出差的时候……在她闹脾气的时候，丈夫有时会耐心地哄她，有时候也会不耐烦，说她很"作"。

"可是，女人'作'是因为什么啊？还不是因为需求没有得到满足。像我们这样的全职太太，要么是情感需求得不到满足，要么就是物质需求得不到满足，要不就是……"她有点羞涩地低下头。

不过，在舞蹈队的姐妹看来，阿青就是缺少精神寄托，没有自己的追求，所以才会围绕着男人转，才会这么无聊，无聊到有那么多时间胡思乱想。在舞蹈队姐妹的鼓励和支持下，她背着丈夫，悄悄在附近商场用很便宜的价格租下了一个摊位，开始摆摊；虽然目前赚不了多少钱，但是进货、出摊、记账，让她的生活逐渐充实起来。她突然发现，出去工作，在自食其力中寻找自我的价值，也是一种生活中的"舞蹈"，值得认真地跳，认真地悟。

04

不管是陈姐、莲姐，还是阿青，都是我们身边非常普通的女性，她们就像我们的妈妈、我们的姐姐、我们的妹妹或者我们自己，品尝着人生的酸甜苦辣，感受着生命的悲欢离合。从她们的生活中，我看到了人生百态。

陈姐的故事告诉我，人生没有过不去的坎，虽然要洒脱地面对人生的苦难很不容易，但是如果能找到自己的哪怕很小的喜好，再苦的日子也终会过去。

莲姐的故事告诉我，人的后半生要过得硬气，前半生可能要付出很多的努力。所有的硬气都来自足够的底气。

阿青的故事告诉我，幸福的生活不会来得轻而易举，有得到，就一定会有失去。抱怨可以为自己的情绪找到一个宣泄的出口，但对成长没有丝毫的意义。拥有改变的勇气、做出改变的行为才能挺直腰杆。

看着她们迎光舞蹈时那明媚的笑容，那舒展的身姿，那飞扬的神采，我忍不住感叹：生命最好的姿态不就是这样的吗？不管遭遇过什么，都要尽情地享受，享受阳光，享受舞蹈，享受生命，享受生活，享受美好！

那些"愚笨"的大人告诉了我们什么样的人生哲理？

01

我出生在改革开放的初期，家里的经济条件不是很好，也没有太多的文化消费方式。我很小就喜欢看书，喜欢淡淡的书香，喜欢书中的文字为我打开的那扇通往未知的大门。每次上学，我都会把一本书或者几本连环画放进书包里，方便随时阅读。这些都是我从爸爸和叔叔小时候看过的书中挑来的，或者跟小伙伴借来的。翻开书的那一瞬间，我的心中会有一种不可言喻的快乐。在这种无法用语言描述的愉悦的心情中，我走入了一个又一个神奇的世界。

记得上小学的时候，我几乎没有什么书面作业，只是偶尔有一点背诵的作业。

那时我们住在自建的客家民居中，爸爸妈妈带着弟弟住一个房间，我和妹妹住另一个房间。我和妹妹住的房间布局非常简单，只有床、书桌、茶桌和椅子。背诵的时候，我总是在书桌上放好语文书和一本课外书。爸爸妈妈是不检查作业的，但偶尔会来房间看一眼正在学习的我们。因为是在乡下，周围的环境非常安静，听到爸爸妈妈的脚步声，我就把语文书放上面；等爸爸妈妈走了，我就把课外书拿出来看。

有时看书看得太入迷了，没有留意到爸爸妈妈的到来，妹妹就会咳嗽一声提醒我，让我赶紧把书放好。

总之，他们从来没有发现我的"不务正业"。

因为这事，我总是得意扬扬地跟小伙伴说：我家有两个"愚笨"的大人，以为我每天都在认真学习呢，其实，我是把家里能找到的书及班上同学那里能借到的书都看完了。

02

小学五年级的时候，班上转来了一位姓郑的男同学。他面容清秀，朗目疏眉，性格有些内敛。刚转过来的那段时间，他不是很适应，经常一个人独来独往，成绩也有点跟不上。因为我的成绩好，我当时的班主任兼语文老师——李老师让我辅导他，同时带他适应新的环境。于是，我带着他熟悉新的环境，告诉他学校的规定，和好朋友一下课就找他聊天，给他提供学习方面的指导和帮助，也邀他加入我们玩的游戏……

他逐渐适应了我们班级的生活，成绩也追了上来。

六年级下学期，郑同学回家乡读书去了。回去后，他给我写了一封信。那是我人生中第一次收到一个男生的来信，也是我们班的女生中收到男生来信的第一人。班上轰动了。他们告诉了李老师，还告诉了我爸爸妈妈。为了证明清白，我决定把信交给李老师，但是，上交之前，我在信中"我很想念你"这句话的后面加上了一句"也很想念老师和同学们"。

我在大家的推推搡搡中来到了老师的办公室，有些难堪地递上了那封信。李老师仔细地看完了信，笑了笑把它还给了我，什么都没有说。围观的同学失望地散开了。

当喜欢"八卦"的同学们去我家"告状"时，我的爸爸妈妈正在家里用竹篾编织物品。听到同学们添油加醋地描述有男生给我寄"情书"这件事时，爸爸妈妈笑了笑就让我的同学赶紧走，别打扰他们干活。

03

因为小学毕业的时候成绩优异，我参加了县里中学举行的"尖子生"选拔考试，然后考进了"尖子班"。

在这个班里，我遇到了班主任、语文老师——蔡恩强老师。

蔡老师是学校的优秀教师，被学校委以重任来带我们班。我们班不好带，因为班里有 80 多人，70 多人是各乡镇像我这样考进来的"尖子生"，不习惯、不适应县城的生活；还有一小部分是本来就在县城，因为家境好，家人托了各种关系才进来的，他们的成绩参差不齐。

蔡老师在我们身上花费了很多心血。对那些成绩不是很好的县城同学，蔡老师总是想方设法地激发他们的学习兴趣，希望他们的学习成绩可以追赶上来。而对待乡镇来的同学，蔡老师因为担心大家想家，给予了很多的关心。只是，当时从乡镇来的同学中，有几个同学因为抵不住游戏的诱惑，迷上了玩"老虎机"，那是一种投币之后就可以不停闯关、不停玩的游戏，那几位同学玩得不亦乐乎，连上学都不想来了。蔡老师上完课还得去游戏厅把他们一个一个找回来，苦口婆心地劝他们好好读书。

那个时候的我成绩还不错，但也很贪玩。初三的时候，我被安排跟我的好朋友同桌，我真是乐坏了。我的好朋友成绩在班上排名第一，我们俩在一起有说不完的话。那一年，因为面临中考，各科老师都给我们印制了很多试卷。我和同桌做试卷做累了，就约好了一起去找班主任，跟班主任申请说，我们只做难的题目，简单的、反复做过的，就不做了。

蔡老师微笑着听我们讲完了诉求，最终没有同意我们的申请。不过，我和同桌还是决定用我们的方式反抗"题海战术"，把简单的题目放着，只做一些有挑战性的题目，蔡老师没有发现我们的小动作，这让我和同桌私下得意了好久。

虽然做卷子时有偷懒的举动，但我和同桌上课时还是非常认真的。中考的时候，我和同桌都考得不错。同桌考上了市里的重点高中，我也考上了当时非常难考的师范学校。

04

若干年后，我有了孩子，我的孩子也非常喜欢读书，也经常在写作业的时候偷偷看书。这个时候我发现，只要她把课外书放在课本下面，我马上就能注意到，更别提她离开了书桌躲在哪个角落里去看书了。

长大之后，有一次搬家，我看到了当年郑同学给我写的那封信。打开一看，天啊，"也很想念老师和同学们"这几个字，虽然能看得出来在努力模仿"我很想念你"的字迹，但一眼就能看出来不是同一个人写的。

很多年后，当成为教师的我所在的学校实行"分层布置作业"的时候，我突然就想起蔡老师，当年的那个优秀教师是真的没有发现我们的小动作吗？还是睁一只眼，闭一只眼放过了贪玩又开始有自主意识的我们？

有一次，孩子又因为偷偷看课外书被我抓个正着时，露出了惊慌失措的眼神，让我瞬间意识到自己犯了一个错误：看书有什么错呢？我的爸爸妈妈，可从来没有像我这样干着这么愚蠢的事情。

小学毕业后我再也没有见过郑同学，也很少回忆起他，倒是经常想起李老师，感激他在小学期间给我播下的文学的种子，感激他对我毫不吝啬的关爱和鼓励。

后来有机会再次见到蔡老师，在蔡老师的回忆描述中我们才明白：他对我们的了解远比我们自己更多，他对我们的关怀和照顾也远比我们知道的多。

　　小时候，我们很害怕太聪明的大人，因为他们总能一眼看透我们的小心思，能第一时间发现我们的错误、指出我们的错误，然后狠狠教训我们；我们尊重他们，却也害怕他们，希望可以远离他们。而那些"愚笨"的大人，会让我们觉得原来再强大的大人也有看走眼的时候，也有觉察不到的地方，也有失误的时候。这样的发现，除了给到我们窃喜的感受，也给了我们犯错的勇气和成长的底气。

　　我终于明白，我当年以为愚笨的爸爸妈妈和我非常尊敬、怀念的李老师、蔡老师，他们是在以一种智慧的方式保护着我的自尊，呵护着我的成长。

　　而在孩子的面前，我也不需要那么聪明，一眼就识破他们的小伎俩，在孩子没有违背原则的时候，选择相对"愚笨"的处理方式，这样更容易走进孩子的内心。

　　因为，这样的"愚笨"，这样"大智若愚"的方式，其实是来自大人对孩子的爱、尊重、鼓励和信任。

　　而爱、尊重、鼓励和信任是对生命最温柔的抚慰，无论是在心灵的深处，还是在生活的点滴中，这些爱、尊重、鼓励和信任都会让人产生更积极向上的心态。

　　当我们感受到爱、尊重、鼓励和信任时，我们会觉得被理解、被接纳，这会使我们变得更加积极、自信和乐观，会增强我们的勇气，以更加平静、从容的心态面对生活中的问题和挑战。

　　我想，正是他们对我的爱、尊重、鼓励和信任，让我的童年储备了足够的温暖，再也不惧怕成年后走过的任何一个冬天。

一个平凡的女子，如何拥有多姿多彩的春天？

01

舒桐是一位生活在四线城市中的护士，她的父亲是一位小学教师，她从小就跟着父母生活在校园里。在这样的文化氛围熏陶下，小时候的舒桐，在大人眼里是非常乖巧、懂事的孩子。

读中学的时候，因为成绩优异，在老师的建议下，她报读了卫校。于是，刚满 19 岁的她毕业后就出来工作了。

她在单位里认认真真上班，业余时间通过函授拿到了大专文凭、本科文凭。

后来，舒桐恋爱、结婚、生子，一直过着平淡的生活。

舒桐 34 岁的时候，在一线城市打拼并且过得很好的表哥，在一次回老家省亲的时候要了一份她的简历，回去之后就帮她投给了几家自己熟悉的医院。不久，舒桐就接到了一家医院打来的电话，让她去面试。

在回答了几个问题之后，她根据面试要求，在面试官的眼皮底下完成了一系列常规护理操作，就看到为首的医院领导满意的笑容；接着，她收到通知："你可以来上班了。"

这个时候的舒桐，却突然犹豫了，给表哥发简历的时候她预想过有这么一天，但当这一天真的到来，她发现自己并没有多么欣喜。

她想念那个四线城市：出门就能买到新鲜的瓜果蔬菜，孩子的学校在一公里之内，邻居全是自己熟悉的朋友……

再三权衡之后，舒桐留在了自己从小就生活的地方。

如今，她仍然是一个普普通通的小护士，每天本分地做好自己的工作，下班了就带孩子。她的大孩子已经在上高中了，和爸爸妈妈的关系很亲密，成绩也很好；二宝已经上小学了，还是在那所离她家只有几百米的学校。

02

和舒桐一样，杨晴也是一名护士，卫校毕业之后在老家工作，并且有编制，工作期间通过函授获得了本科文凭。和舒桐不一样的是，杨晴在 28 岁那年选择只身一人来到深圳，开始了自己的打拼生涯。

虽然干的还是老本行，但因为她的第一学历不够亮眼，又没有亲戚朋友的推荐，所以，虽然投了多份简历，但她只接到了一家私立医院的面试通知。

从私立医院的一名普通护士开始，她通过3年的努力做到了科室的护士长，也慢慢有了一点积蓄。

34岁那年，她和先生一起用积蓄在深圳买下了一套小户型的房子，终于凭能力在深圳站稳了脚跟。随后，她又凭借自己的能力应聘到了一家公立医院。不过，还是得从护士做起。

这次，她所在的科室是中医康复科。看到很多病人在按摩、针灸、刮痧等中医治疗手法下缓解了病痛，她对中医产生了浓厚的兴趣。于是，她拿出了自己业余的所有时间，先从自学开始，然后参加培训、拜师求教；慢慢地，她不仅获得了一些医学资格证书，还得到了业内专业人士的认可。

如今，当年的小护士已经成了她所在地区的中医药学会中医康复委员，也担任了她所在医院的康复科护理组长，带领着一帮学员创新中医"外治疗法"，践行医养结合与绿色健康的生活理念，深受患者欢迎。

03

我认识夏函的时候，她的主业在体制内，用她自己的话说，就是：很受限，一眼能望到头，未来不想要这种生活，但暂时不敢离职。

她说，体制内的好处是福利、资源很多，但收入低，所以她还做了一份副业：移民规划师。不过，副业还未见起色，不知道如何规划赚钱路径。

交流多了，我才知道，这是一个敢想、敢闯、敢做的女人。她原来是体制内的一名雇员，后来，离职去国外读了全职研究生，快毕业的时候去意大利旅游，在游览威尼斯的时候认识了一位同样在那边旅行的中国男生，两人一见钟情，然后回国闪婚。

婚后她花钱请人做了规划，按照规划师的建议买了两套房产，并且以研究生的身份再次报考了公职，还非常顺利地"上岸"了。

看起来顺风顺水的她仍在不断调整自己的职业发展方向，原因是想早点实现财务自由，为孩子铺好更广阔的路。

对于能力很强的夏函来说，体制内的这份工作只花掉她不到二分之一的精力，所以，她还成了一位业余的移民规划师，帮助有移民需求的客户做规划，帮助有出国求学需求的学生做规划。不过，因为身份受限，她的副业开展得不太顺利。未来，她可能会辞掉主业，全职去做自己喜欢的工作，因为，她希望自己可以在帮助到更多的人的同时，拥有更高的薪水。

04

"没有花香，没有树高，我是一棵无人知道的小草……"

听着这首《小草》长大的杨晴说，她只是茫茫人海中最平凡的那粒微尘，只是因为有一颗愿意不断成长的心，所以选择了一条不断折腾的道路。

其实，谁又不是茫茫人海中的微尘呢？

每个人的人生经历不同，但每个人的人生都是有意义的。放弃了大城市工作机会、愿意在清静的小城市里度过余生的舒桐，她就像一株冰清玉洁、清香袅袅的百合，点缀着小城市的美丽和安宁；希望拥有百万年薪至今仍在不断选择、不断学习的夏函，她就像一朵娇艳欲滴、灿若云霞的玫瑰，在大城市中尽情怒放。

不管是杨晴，还是舒桐，又或者是夏函，和我们其他在茫茫人海中浮浮沉沉的普通人一样，体验生命的过程中，有过后悔，有过开心，有过迷茫，有过醒悟。在迷茫的时候，都需要提醒自己静下心来听听自己内心的声音，坦诚地面对自己内心的想法和感受，理解自己的情感和需求，然后不断地追问自己：我到底想要什么？问清楚之后，做出选择，并一往无前。

其实，即使是一棵无人知道的小草，也有属于它的春天。人生不能重来，认真地走过、真挚地爱过、努力地活着，就值得。

//

哪些温暖的瞬间告诉了你人间值得？

//

我非常喜欢日本作家村上春树写的小诗《那些温暖》——你要记得那些大雨中为你撑伞的人，帮你挡住外来之物的人，黑暗中默默抱紧你的人，逗你笑的人，陪你彻夜聊天的人，坐车来看望你的人，陪你哭过的人，在医院陪你的人，总是以你为重的人，带着你四处游荡的人，说想念你的人，是这些人组成你生命中一点一滴的温暖，是这些温暖使你远离阴霾，是这些温暖使你成为善良的人。

01

2005 年，我有幸成为北京大学心理学系深圳辅导站的一名学员，给我们授课的都是从北京大学派过来的优秀教师，如高云鹏老师、刘芳老师、武国城老师、徐凯文老师等。他们的学术知识和人品，都给我带来了深远的影响。

其中，对我影响最大的，是我们的班主任李同归老师。李老师是湖北人，硕士在北京大学就读，毕业后留校任教，后来去日本九州大学攻读博士学位。因为带我们这个班，他经常来深圳，和我们接触比较多。他一直自称我们的"师兄"，也常常会在同学群里分享学校的一些重要信息，有什么学习上的福利也会努力为大家争取。

他还给过我们很多的关心、照顾和鼓励。

记得我写第一本书的时候，不知道该找谁帮忙写序，抱着试试看的心理给李老师发了一条短信，结果，我很快就收到了李老师的回复，让我把书稿发给他看看。等看完了我写的书稿，李老师爽快地答应了帮我写序的要求。他帮我写了一篇序言《让学校成为学生的"安全基地"》。文中，他毫不吝啬地鼓励我：

正是像李柳红这样从来没有离开过讲台的草根教育家，默默地奉献着自己，把自己的青春、激情和心血挥洒在三尺讲台上，通过潜移默化、润物无声的方式，影响着一代又一代的学生。他们才是学生最依恋的对象。

他们在努力把校园建设成最吸引孩子的"安全基地"！

打开邮箱看到李老师写的这两段话时，我的心久久不能平静。

02

2022 年 11 月，公公做了一个大手术，在 ICU 里待了近 20 天。

公公刚开始住院的时候，我们既要忙工作，又要去医院照看他，还要照顾两个年幼的孩子，生活真的可以用"兵荒马乱"来形容。

　　这个时候，一个朋友听说了我们家的困难，征求我们的意见后，收拾了衣服直接住到了我们家，在我们家足足待了 20 天，工作之余，帮我们买菜、做饭、接送孩子。

　　就这样，孩子有人接送，回家后有热饭热菜等待我们享用，这位朋友陪伴我们度过了那段最艰难的时光。

　　公公从 ICU 转到普通病房后，慢慢地，我们的生活回归了正轨，但因为之前接送孩子的事情是退休后的公公帮忙做的，现在他在医院，所以我们就得为接送孩子、照看孩子的事情操心。

　　记得有一次，约好了是先生下午 5 点去接读幼儿园的小宝放学。但那天下午先生临时有个紧急会议，去不了。他打电话给我的时候，我也正在开会，实在走不开。怎么办呢？总不能把小宝一个人留在幼儿园吧？

　　我向一个住在我家附近的好友求助，她赶紧联系了她先生，让她先生从公司赶过去帮我们接孩子，还带孩子回家吃了晚饭，再帮我们送回来。

　　连续几个周末，因为我们要跑医院，孩子没有人照看，只能跟着我们跑来跑去，特别折腾。这个时候，另一个朋友知道后，表示可以让我们把孩子送到他们家，他帮我们照顾两天，周日下午我们从医院回来时再把孩子接回家。

　　还有一次我出差，先生因为忙于工作，到了晚上 8 点还没有去接大宝，是我的老同事接了大宝，然后给孩子买了晚餐，让她吃完晚餐在她办公室边写作业边等爸爸。

终于，公公在深圳的各个医院里辗转住了 8 个多月后，身体逐渐好转，我们才把他送回老家调养。

03

在区里的年度教师评审现场，一位素质、资质都很不错的选手发挥失常。因为紧张，他在讲述教育故事的时候，卡壳了。为了鼓励他，下面的啦啦队鼓起了掌，可是，掌声没有让选手冷静下来，他更慌乱了。最终，在规定的时间内，他磕磕巴巴地结束了自己的演讲，既沮丧又难过地站在舞台的中央。

这个时候，年轻、帅气的男主持走上了舞台，他体恤地安慰道："刚刚是有点紧张吧？这样好不好，我们现场来一个加分的项目，我刚刚听到你的故事中提到自己设计的班歌，现场来给大家唱唱好不好？"

选手的眼睛亮了，他顿了一会儿，高声地回答道："好。"

"好，那就占用在座的各位一点点时间，让我们一起来欣赏这首原创的班歌。"

选手深吸一口气，举起了话筒，整个会场响起了嘹亮、悦耳的歌声。从歌声中，我们感受到选手已经渐渐平复了心情，找回了放松的状态。他的歌声赢得了在场所有评委和观众热烈的掌声。

04

李老师的帮助和鼓励，让我明白了：人生中遇到好老师有多么重要，我们保持努力向上的姿态，为的就是遇上更多的良师，甚至有一天，自己也可以成为这样的良师。因为，得到李老师以及像李老师一样的师长、前辈的关心、支持和鼓励，真的很温暖。

是朋友们的帮助，让我和先生挺过了生命中非常艰难的一段时光。当我们回忆起这段时光的时候，就能感受到生命的温暖。

那个下午，作为观众，我们都知道，选手的演讲结束，评委就已经打完分了，所以，演唱那首班歌实际上并不能给失意选手加分；可是，主持人充满善意的言语，既化解了选手刚刚讲述故事时的尴尬，也让他有机会向台下的学生、同事、领导展示自己的才华。这样的解围，真的很温暖。

感谢生活中那些给予过我们温暖的人，是他们善良的心灵，亲切的鼓励，慷慨的付出，真诚的帮助，善意的体恤，让我们相信不管生活给了我们多少磨难，人间总有美好。

那些伤口，是如何被疗愈的？

01

读过这样一个故事：

一只猴子受伤了，它觉得很难受，于是，不停地告诉其他的猴子，想要寻求一点安慰，还把伤口掀开给其他猴子看，希望得到大家的关心。结果，因为伤口感染，它死了。老猴子说："它是被自己害死的。"

第一次读到这个故事的时候，我想起了祥林嫂。

祥林嫂最初诉苦的时候，大家是同情她的，可当她说多了，大家就不耐烦了。

我曾经拿猴子受伤不断倾诉最后导致伤口感染的故事来教育我家

大宝东东。

因为东东也有一个说了很多遍的故事。

我家二宝小恐龙 1 岁多的时候，跟东东在窗台上玩，后来，俩人发生了争执，小恐龙狠狠地咬了东东一口。

东东跑来找我们，一边指着自己肩膀上被咬的红印，一边大声哭诉。

不记得我们当时都在忙什么了，可能是东东哭的时间太久，声音又太大了吧，爸爸不耐烦了，呵斥了她一顿："活该！谁让你不知道保护好自己的？你比小恐龙大那么多，为什么还会被咬伤？"

东东哭得更厉害了。

这件事过去好几年了，东东跟我睡前聊天时还会经常提起，每次提起都难受得不得了，有时还会哭得上气不接下气。

东东倾诉的时候，我有时就安静地听着，有几次，看到东东的情绪实在太激动了，我就会用猴子的故事教育她，试图告诉她：那个时候，小恐龙还不懂事，爸爸也不希望你受伤，他们都不是有意要伤害你的；你肩膀上的伤早就好了，可是，你经常去回忆这件事情，经常掀开你的伤口，让自己受伤得更严重了……

但我发现，这样的教育似乎没有什么用。

02

有一次，我在徐慢慢的公众号上读到一则题为《一个人反复抱怨，原因只有一个》的故事。

住在老人社区的兰姨不停地向旁人抱怨着同一件事：女儿上小学的时候，老公在外面偷偷有了"小三"，还生了一个孩子；碍于面子，也为了给女儿一个完整的家，她选择了睁一只眼，闭一只眼；家境本来就拮据，老公却常常拿一半工资去补贴"小家"，毫无积蓄的家庭让女儿失去了上大学的机会……

虽然现在老公已经离世了，但兰姨一直放不下，像祥林嫂一样一遍又一遍地向旁人诉说，所以社区的老人们看到她，都会远远避开。

后来，兰姨的诉说停止了。

因为，前来实习的作者认真聆听了她的故事，看见了她的伤痛是"女儿上不了大学，很自责；得不到一个道歉，很委屈"并安抚了她：

"这并不是你的错啊！在那个时候，你也有你的苦衷和不容易。你那么爱她，怎么会故意害她上不了大学呢？

"他欠你一句对不起，他应该为自己的错误负责，应该给你道歉的。"

兰姨的痛苦和挣扎被真正听见和回应了，她开始慢慢和伤痛告别。

徐慢慢说：

没有人愿意一遍又一遍撕开自己的伤口，如果我们反复诉说着一个痛苦，这说明，它从未被真正地听见。

这个故事给了我很大的启发。以前，我只看见了"孩子不停倾诉伤痛"的现象，以为是孩子小题大做，我没有想到的是，东东想要核实的，是小恐龙出生之后，爸爸妈妈是不是不爱她了？是不是对她的爱减少了？是不是偏心了？

所以，当东东再一次跟我讲起小恐龙咬伤她、爸爸吼她的事情的时候，我安安静静听完，然后问她：

"妹妹咬伤了你，你很难受是不是？"

东东点了点头。

"爸爸吼你，让你觉得爸爸偏心对不对？"

东东更使劲地点了点头。

"你觉得明明是妹妹咬了你，可是我们没有批评妹妹，却还在指责你，是因为我们不爱你是吗？"

听到这里，东东的眼泪"哗"一下流了出来，哽咽着对我说："是的。"

"你觉得妈妈虽然没有吼你，但那个时候没有站出来为你说话，让你觉得没有人理解你，是不是？"

"是的，就是没有一个人理解我。"东东回答。

"对不起，如果爸爸妈妈当时的行为伤害了你，现在向你道歉，郑重地跟你说声'对不起'。爸爸妈妈也会犯错，请你原谅我们。同时，你要相信，不管什么时候，爸爸妈妈都爱你……"

这一次，东东什么也没有说。我伸开双臂，她扑进了我的怀里，我们俩紧紧地抱在了一起。

那次之后，东东就很少再提起这件事了。

03

原来，故事中的猴子反复向同伴倾诉，是因为没有其他猴子了解它的痛。

原来，东东时不时会回忆自己受过的伤，是因为要确认自己真的被爱。

生活中，我们没有办法保证自己百毒不侵，但是，为了减少受伤的次数，我们可以通过建立自己的情感支持系统，与亲密的家人、朋友或者心理健康专业人士分享自己的感受和困扰；可以通过艺术创作、呼吸练习或者冥想等学会管理自己的压力；还可以养成积极的自我暗示和对话，培养自信、乐观的思考方式，用习得性乐观的态度来鼓励自己面对挑战。

当然，如果真的受了伤，我们也要允许自己痛苦、愤怒或悲伤，看见自己的伤痛，倾听自己内心的感受，学着接纳自己的情绪，学会放松和自我抚慰，或者寻求专业人士的帮助。

愿每一个渴望被看见、被听见的你，懂得倾诉，懂得自我看见，因为，最好的"被疗愈"的方式，其实是"自我疗愈"。

愿每一个在倾听的你，都可以真诚地看见他人、听见他人。因为，只有被看见、被听见，我们的伤痛才会慢慢被治愈。

你知道一个人该如何进行自我救赎吗？

01

朋友江蔓是一位妇科医生。在我们的眼里，她是一位温柔、敬业的好医生，也是一个非常善解人意、热心助人的好朋友。

跟她接触多了，我却发现她与人相处经常委曲求全，比如，她总是把别人的需求和感受放在自己的需求和感受前面；跟别人相处时即使感到不适，她也从来不会表达自己的不满。

后来，江蔓跟我聊起了她的童年。江蔓是家里的老幺，上面有三个哥哥和两个姐姐。小时候，父母可能是因为生存压力太大，在家经常吵架，言行非常极端，动不动就把"死"字挂在嘴边，有时还动手打人。几个哥哥都被揍习惯了，江蔓因为没有什么存在感，很少挨揍，但也得不到任何关爱，这让她一度觉得自己在这个世上是多余的。

她说，有一次，不记得具体发生什么事情了，她感到自己失去了存在于这个世界上的意义，就从三楼跳了下去。但是，不知道是不是因为农村的房子建得矮，她跳下去之后，一点儿事都没有。然后，她就站起来，走回家里。这个举动，只有一个邻居看到了，但因为她毫发无伤，所以也没有告诉她的父母。

从此之后，她更是确认了：她不重要，没有人留意她、爱她、关心她。

但她还是慢慢长大了。大学毕业后，她遇到了一个比自己小三岁的男孩。男孩阳光帅气，还非常喜欢她。这让本来打算不恋爱不结婚的她动心了，只是，她和男孩约定：只恋爱，不结婚。因为，她不会爱，也不懂得怎么接受爱。但是，她渴望爱，愿意尝试去爱，去感受爱。

尝试的结果就是，他们结婚了，而且还有了孩子，有了一个属于自己的家。

生下孩子的江蔓，不知道怎么照顾孩子，因为她已经不记得自己小时候受过怎样的照顾了，再加上医生上班时间不规律，于是，她把孩子交给了婆婆。

婆婆把孩子照顾得很周到，也把家照顾得很好，江蔓跟先生几乎不用操心家里的任何事情。

婚后，江蔓的先生选择了创业，慢慢在所谓的"应酬"中迷失了自己，他出轨了。

　　江蔓知道后第一反应是"离婚"，但她发现，自己明明非常非常生气，却居然不知道怎么表达愤怒。离开家在酒店住了一个多月之后，在先生的道歉声中，她选择了回家。没有原谅先生，却答应可以尝试继续一起生活，并一起接受了心理治疗。

　　经过半年多每周两次的心理治疗，慢慢地，江蔓学会了哭泣，学会了表达愤怒，学会了看见自己……

　　如今的江蔓，虽然没有从阴影中完全走出来，但她变得越来越能表达自己的想法和需求了。她相信，只要她努力成长，就一定会找到属于自己的幸福。

02

　　和另一位朋友叶轩的见面是在北京一家有名的菜馆。我到的时候，他已经点好了菜，还非常贴心地带来了一瓶自己酿的酒，并且在酒里加上了蜂蜜，口感特别好，让平时不怎么喝酒的我都喝了两小杯。我们边吃边喝边聊开了……

　　叶轩是一位工程师，20世纪80年代名牌大学的毕业生。他从小就是那种"别人家的孩子"。在外人看来，他成绩好，长得好，性格好，但只有他自己知道，他非常自卑。不和睦的家庭，家暴的父母，都是他无法跟别人诉说的痛。

　　还好，他上面有哥哥，下面有弟弟，被揍的次数算是兄弟中少一些的了，但即便如此，他还是承受了不少心理创伤。

　　后来，父母在他读中学的时候离婚了。在那个年代，离婚就是一个笑话，同学们都像看怪物一样看着他，他更自卑了。幸好，优异的成绩帮他摆脱了家，他成了村里第一个考上名牌大学的学生，毕业后还留在北京，找到了一份非常好的工作。

读大学的时候，他和班上的一名女生相爱了。原因不是性格吸引。他说，班上如果还有一个人像他一样那么穷，那么可怜，那就只有那名女生了，因为，那名女生来自一个更加贫穷、更加不堪的家庭。

最初，他们互相取暖，婚前婚后有过一段美好的时光，还生下了一个儿子。但慢慢地，各自性格中的缺点在生活中暴露了出来，男方大男子主义，遇事不知道怎么沟通；女方极度敏感，遇事关上心门，拒绝沟通。渐渐地，他们开始不说话，分居，到最后离婚了。

离婚时，叶轩净身出户，把所有财产都留给了前妻，但是，前妻仍对他充满了不满和怨恨，再加上儿子无论如何都不肯跟他联系，又听说自己从小喜欢的侄儿用极端的方式结束了生命……接踵而来的坏消息和压力让他崩溃了，他得了一场大病，住进了医院。

休养了几个月后，叶轩决定通过学习让自己走出来。他报了个人心理成长课程、家庭教育课程，还开始跟外界联系，尝试打开心扉，结交新的朋友。

如今的他，跟重组的妻子以及妻子带来的儿子一起生活。即将退休的他，工作非常悠闲，通过学习心理学、做家长义工度过每一天。

他写下了很多文字，关于个人成长的心路历程，关于婚姻家庭的反思，关于育儿的经历，也给自己、给儿子、给前妻写了几万字的书信，进行检讨，表达感激。他希望，通过接下来的努力，让自己活得更充实，更通透，更快乐。

03

赫墨是我认识多年的朋友，他和妻子有一个女儿，不过，他的妻子还有一个儿子。没错，赫墨是初婚，妻子是二婚。

爱上和自己性格完全不同的妻子仿佛是赫墨的宿命。他是家中的独子，从小被父母严厉管教。

小时候，衣服脏了被骂，吃了零食被骂，考试没有考好被骂……在责备中长大的他，极度没有自信。

遇到妻子的时候，她刚刚离婚不久，辞去了从教的工作，在经营一家服装店。他都不敢相信，这个美丽、大方、阳光、自信的女子，居然离过婚还带着一个孩子。为什么一个女人离婚了，带着孩子，生活还可以过得这么快乐？这么潇洒？

从开始的好奇，到后面的深陷，赫墨爱上了现在的妻子，但因为妻子的拒绝，自己家庭的阻挠，赫墨足足追了 6 年，才把喜欢的女子娶回家。

婚后他继续在电子市场"折腾"，而原本做教育工作的妻子也回归了教育行业。后来，因为生意不景气，而且在处理亲子关系时遇到了很多困扰，他开始学习心理学，并成了一名社会工作者。成为社会工作者的他，看到了更多的家庭百态，看到了很多孩子的艰辛和挣扎，也看到了自己年幼时的无助。从看见开始，他慢慢成长，如今，他跟孩子有了更多的共同语言，和原生家庭的关系也有所缓解。

04

看着从心理学家武志红老师的课堂上回来后，经常在聚会中分享"舞动治疗法"的江蔓，看着她领舞时自由、放松、灿烂的笑脸，我知道，婚姻不是一个女人的全部，家庭也不是，所以，出轨的婚姻、不堪的原生家庭，都不能定义一个女人。能定义一个女人的，只有这个女人自己。

看着比实际年龄要年轻很多岁，头发乌黑，脸上充满了笑容的叶轩，我想，心灵的成长从什么时候开始都不晚；虽然叶轩说岁月蹉跎，他浪费了很多的光阴，但是，如果我们能回到当下，回到内在，就一定能够找到属于自己的幸福。

看着一天一天成长起来的赫墨，我也懂了，"父母是祸害"这个言论是过激的。没有完美的原生家庭，没有完美的父母，也没有完美的孩子。每个人都有自己的难处，每个人都要自己寻找出路。

记得电影《肖申克的救赎》中安迪有一句经典的话："不要忘了，这个世界穿透一切高墙的东西，它就在我们的内心深处，它们不能达到，也不能触摸，那就是希望，只属于你。"是的，正像安迪所说的，监狱的高墙可以束缚住我们身体上的自由，但人不能放弃希望。现实生活中，我们可能曾受困于原生家庭，受困于内心的束缚，受困于人生的经历，但是，我们可以走一条自我救赎的路：像江蔓一样，看见自己的喜怒哀乐，看见自己的成长需求；像叶轩一样，修炼自己的内心，这个过程可以慢，但是不能停，在学着做爱人，学着做父母，学着成为自己的路上，慢慢成长；像赫墨一样，看到父母的爱

和局限，看到别人的苦处和难处，看到自己的短板和优势，更看到自

己的成长和进步。

　　这就是一个人的救赎之路，很悲壮，但值得。

怎样才能拥有一个不被设限的人生？

01

41 岁，是我人生的一个转折点。虽然对教学工作和班级管理游刃有余，但我有时仍然会觉得价值感不足。我喜欢课堂，但又感觉被太多非教学工作束缚住了手脚；我想做点有意义的事情，但深知没有话语权是多么无力。这样的纠结、迷茫让我烦躁不安，不知道未来还有什么可以期待。曾经的热血和激情仿佛都已被岁月消磨殆尽，我感觉自己置身于一片迷雾之中，找不到前进的方向。

春节后，我收到了区级教育部门向我抛出的橄榄枝。我知道，这是一个全新的开始。41 岁，这个年纪在一些人的眼里已经不年轻了，而我要面临的，还有成长和发展的不确定性。但"人生就是一个经历的过程，越丰富越证明自己来过"，我决定跳出自己的舒适圈，以全新的姿态，迎接一个新的挑战。虽然对于我来说，这个选择其实并不容易。

再后来，因为工作的调整，我成为一名研究教师发展的教研员。我不仅要面对教育学术和知识面的变化，更需要有心态和观念的调整。我意识到，从一名教师转变为一名教研员，面对不同的教师群体，我需要根据他们所需，给予不同的关注和帮助。我必须更努力学习，更加敏锐地抓住教师成长的关键阶段，才能更好地解决他们在工作中遇到的问题。

在这个过程中，我也遇到了一些困难，比如感受到了"办文"的流程琐碎，组织活动时的繁杂，很多事情需要亲力亲为的劳累，但同时，我的思维得到了锻炼，能力也得到了提升，我也慢慢从迷茫的状态中走出来。我在工作中充分发挥自己的专业优势，实现了自我价值的最大化。经过近三年的历练，我越来越明白了一个道理：潜心做事，就可以让自己找到足够的价值感。无论在何时何地，认清自己所追寻的方向，拥有不断前进的勇气和决心，对人的成长非常重要。在任何一个年龄段，我们都可以重新定义自己，发掘更丰富的可能性。我还发现，在任何一个年龄段，我们都可以重新定义自己，发掘更丰富的可能性。

在重新开始的道路上，真正成功的人并不是那些没有遇到过困难和迷茫的人，而是那些不断努力发掘自己潜力的人。而我，虽然从世俗的意义上来说算不上成功，但是，我成功地成为一个在 41 岁重新定义自己的人。

02

我的好友夏安，若干年前在一所民办学校任教，工作非常认真，她在这所民办学校先是做到了办公室主任，后来升到了副校长。但民办学校的营利性和公益性的矛盾，让她感觉到了发展的瓶颈。因为平时积极参加各类学习活动，她认识了一所公立学校的领导。这个领导非常欣赏她，就邀请她过去做一名临聘教师。虽然从民办学校副校长到公立学校临聘教师，这个职位的变化让她在心理上有一点落差，但因为周围的同事都很优秀，再加上单位学习的氛围很好，夏安很快就调整好了自己的状态。又过了几年，夏安通过自己的努力考取了公立学校的编制。

有一次，她和原来民办学校的好友聚会，她听着老同事对学校的吐槽，对待遇的吐槽，对前景的吐槽，于是劝他们，要想摆脱眼前的困扰，就要拥抱新的机会，不断努力。她耐心地向自己的老友们解释，深圳大部分公立学校比民办学校更有发展前途。大伙儿可以尝试先跳出自己的舒适圈，寻找机会到公立学校任教，然后等待机会再考取编制。

但她的老同事说，这太难了。

最终的结果是，夏安没能说服他们去公立学校，但她知道她的话语已经激励了至少一位老同事，让这位老同事开始思考新的出路，有了行动上的转变，如开始参加各类学习，提升自己的各项技能，为生活的不确定性做好准备。这让夏安更加坚定了自己的信念：在人生的道路中，我们需要借助机缘、努力和坚持，去闯一闯举步维艰的职场。要抓住每一个机会，要适应每一次变革，重新定义自己的职业生涯和人生道路。

在经历过职场的困境和迷茫之后，夏安发现，逆境不仅能塑造一个人的生命，还能让我们看到新的方向和希望。如今，已经在公立学校再次走上管理岗的她，每当回顾自己过往的岁月时，心里就充满了感慨。

03

我喜欢的青年作家李尚龙老师，在分享《创业的 36 条军规》这本书时讲到了他爸爸的故事。他爸爸已经在部队做到团长了，转业后居然选择做保险相关工作，后来还成了非常厉害的保险业务能手。

尚龙老师说，3 年的新冠病毒大范围传播，他跟很多人一样过得特别艰难：公司经营困难甚至差点倒闭；因为业务不景气，不得不裁掉员工；留下来的员工又忙又丧，大家工作压力巨大；亲人之间的陪伴变得困难，经济上更是面临很大的挑战……大家都自我保护在家中的时候，他还在上班，有一次，加完班实在没有办法打到车回家，他是通过叫"货拉拉"把自己这个"货物"运送回家的。但再难，他也坚持了下来。有人问他现在怎么在做直播？他说，别说直播了，婚丧嫁娶他都能做。

"爸爸的经历证明了一个道理：无论你做什么，都要拥有乐观、积极向上的心态。我想这也是他在转业之后，成功成为保险业务能手的核心原因。"

"他总是努力地学习和尝试，这样的生命状态，让我始终铭记在心，同时，我也告诉自己：有些知识和技能不要认为自己无论如何也学不会，其实超越自己到达成功之路，这里面储存着拼搏和勇气。"

短短的故事也让我明白了一个道理：没有永远的铁饭碗，不要画地为牢，要勇于跳出自己的舒适圈，乐观积极地面对工作、生活中的种种挑战，这样才能成就更好的人生。

04

有些人总是把自己的思维局限在一个小小的范围内，害怕尝试新鲜事物，害怕接受新的挑战。久而久之，就会失去跨出去的勇气和动力。比如我，如果不是不甘于人生就像一池毫无波澜的湖水，可能我至今还没有勇气迈出自己的舒适圈。

然而，人生中最美的经历往往来自勇敢地面对未知和挑战自己的极限。在尝试一些新的、挑战自己的事情的过程中，我们能够真正地认识自己，并在多方面实现自我突破。比如夏安和尚龙老师的父亲，正因为敢于尝试新的挑战，所以拥有了不一样的人生。

像登山、攀岩、跳伞等活动，需要你克服恐惧、克服自己身体的限制，从而达到内心的极致满足。每一次挑战自我的尝试，都能够激发出我们的潜力和天赋。所以，永远不要为自己的人生设限，要相信：只要你愿意，任何时候，你都有改变和成长的可能。

如何拥有被讨厌的勇气?

有时候，做一件事情并不是那么容易。在人生的每个阶段，我们都会遇到各种问题和挑战，不可避免地会被一些人讨厌或孤立。这时，我们除了需要思考力和行动力，还需要被讨厌的勇气。

01

一个很要好的朋友，多年来一直在教学一线，认真地思考，努力地实践，是一个有思想、有情怀、有行动力的教师。课堂上，学生们总是被她先进的教育理念、专业的教育知识、饱满的教育热情深深感染，所以，她在学校一直深受学生的喜爱和家长的认可。后来，学校领导换届时她遇到了一位非常欣赏她的领导，接着，领导动员她做科组长。

她是在一个工作日的晚上接到领导的动员电话的，刚刚接到电话时，她的第一反应是拒绝：她一直只是希望做好自己的事情，不问其余，更何况没有那么多的时间和精力，也不想让自己过度劳累。但领导对学生、对教师、对教育的赤诚感染了她。

于是她答应了。

她一直是一个做事很认真的人，答应领导之后，她迅速投入新的工作中，新工作开展得风风火火。

看到她和那位领导走得近，就有人在背后说风凉话了："不就是会讨好领导吗？"

她的心态倒是特别好，笑着给我们讲了一个红屁股猴子的故事："猴子在地上活动的时候，没有人知道它的屁股是红的；当猴子爬到树上的时候，大家就开始议论了：哟，看啊，爬到树上，屁股都变红了哦！是因为上了树猴子的屁股才变红的吗？当然不是。既然站得高一些就要被人议论，那就议论吧。我做好自己就好了。"

02

"职场充电宝"创始人阿何老师在文章《适当离群，是保证优秀的必要》中讲过一个这样的故事——

有一个叫 Lisa 的女孩，是大家眼中的"女强人"，年纪轻轻就已经在一家外企的骨干部门当了组长。

但地位和收入都高于同龄人的 Lisa 在公司过得并不是很开心，因为她被同事们孤立了。

Lisa 所在的小组有不同的小圈子，但这些小圈子里都没有 Lisa。很多时候，同事们吃饭都成群结队一起去，而她只有一个人。

在职场上，同事之间的圈子排斥和钩心斗角是很普遍的。Lisa 之所以被孤立，是因为在这家已经被本土文化侵蚀的外企中，Lisa 的表现太张扬了。

原来的组长离开后，上面的领导让所有员工竞聘这个岗位，结果只有 Lisa 一个人提出了申请。

按惯例，只要所有员工都不作声，"资历最深"的那个就能顺理成章地补位——没想到 Lisa 不按套路出牌，然后 Lisa 就升职了——因为她平时工作出色，也因为领导觉得她有承担更大责任的勇气。

03

记得 2015 年准备出书时，我最初的想法是将好朋友的文字聚集起来，出版一本合集。然而，世界图书出版有限公司的陈名港老师认为书稿内容太多，合订本的字数超过 30 万，不适合将所有内容放在一本书里。他建议每位作者分别出一本教育教学专著，按照每个人的风格来介绍各自的教育故事，呈现不同的教学思考。

当听到这个建议时，我感到非常忐忑。毕竟，我还在一线工作，不是什么"名家"，我不知道未来会遇到什么样的学生，会面临怎样的挑战。如果我出版一本教育教学专著，会不会遭人非议呢？

我询问了另一位非常出色的老师的意见，她说："谁会看啊？我不出。"这让我更加忧虑了，觉得自己还有很多需要学习的地方，带班的过程中会有不少的挑战，教学的过程中也会有很多的困惑，有什么资格站在台上跟大家分享呢？

然而，我还是硬着头皮"豁了出去"。如果要做的这件事情既不会伤害到别人，也不会伤害到自己，而且这件事情还是自己没有做过却又想做的，那就去尝试吧。

我发布了自己出书的计划，并邀请好友参与。虽然在第一时间并没有得到太多的回应，但随着时间的推移，越来越多的人开始对这个计划感兴趣。

最终，我和另一个朋友出版了自己的专著。

04

我的那个好友，成为科组长后，根据自己的经验和思考，有效地组织学生的学习活动，使得学生在学习过程中获得了更大的自由度和主动性，工作开展得很顺利。

《适当离群，是保证优秀的必要》中表现突出的 Lisa，努力了两年后又升了一级，跟原来同小组的同事拉开了差距，同事只剩下佩服和敬意。

而我，也经常收到大家给我的反馈，告诉我读了我的文章，看到了我传递的思想，得到了启发，获得了进步和成长。

生活中有些人，自己不肯付出更多的努力，又眼红别人努力之后得到的待遇，会在背后说："也没有多厉害嘛，名声那么响，不过是墙内开花墙外香而已。""如果我努力了，我也能……"

其实，没有所谓的墙内开花墙外香，那只是一个觉得自己不够好的人发出的嫉妒的声音。如果有，那也是说明墙内没有足够的空间让花来展示它的美丽，所以花儿才需要努力地、一点一点地伸展，让懂得欣赏它的人感受它的绚烂多姿。

那怎样做才可以拥有被讨厌的勇气，才能成为更好的自己呢？

当我们坦然地承认自己确实想要做出贡献，并不在意别人的恶意议论；当我们以实力说话，在竞争激烈的环境中脱颖而出，用自己的行动来为他人树立榜样，并给他们带来希望和动力；当我们不畏惧挑战和困难，愿意尝试去做某些事情，哪怕是别人反对或不理解，也能坚持自己的理念和信念……这样的我们，就拥有了被讨厌的勇气。

职场认知与职业规划

//

软肋，如何成为我们成长的翅膀？

//

美国管理学家彼得曾经提出过一个"木桶原则"：盛水的木桶是由许多块木板箍成的，盛水量也是由这些木板共同决定的。若其中一块木板很短，则盛水量就被短板所限制，这块短板就成了木桶盛水量的"限制因素"。

每个人都有自己的短板。这个短板，我把它称为我们身上的"软肋"。

01

刚毕业的那一年，我被学校安排担任班主任兼五年级的语文教师。

查看档案时，学校领导看到了我读书时参加全市现场作文大赛获得一等奖的履历，了解到我文笔还不错，表达能力也可以，就给我安排了和德育处主任一起担任元旦文艺汇演主持人的任务。

接到这个任务时，我是有些意外和忐忑的：我刚刚工作不到半年，就把这么重要、这么艰巨的任务交给我吗？但考虑到这也是一个很好的锻炼自己的机会，我一咬牙就把任务接了下来，然后认真准备。

那一次的元旦文艺汇演，可把我忙坏了：写主持稿，主持，编排节目，甚至还带着学生一起表演了一个节目。

演出非常成功，也获得了前来观看的上级部门领导的肯定。我悬着的心终于落了下来。

学校的表彰会议结束后，学校领导单独把我留了下来，表扬了我，同时，他还告诉我，当天一起来我们学校观看节目的，除了教育部门的领导，还有我们那个地区电视台的领导。电视台的领导很欣赏我的主持，又听说主持词也是我写的，还看到我带着孩子们一起表演节目，就详细了解了我的情况，说想邀我到他们单位工作。

"那为什么我没有接到通知呢？"

"哦，是因为他们了解你的身高后，说不太合适，就没有再提了。"

当时，电视台是大家向往的单位，有很多展示自己的机会，福利待遇又好，虽然我并没有想换单位的想法，但这件事情之后，同事们都知道了身高是我的短板。见到我的时候，大家有时会调侃我："唉，要是高一点，我们的小李老师就可以飞上枝头变凤凰了。""真是可惜啊，要是个子再高一点点，就不会和这么好的单位擦肩而过了。"随着时间的推移，连我自己也开始对自己的身高感到自卑，认为这是我无法接受的缺陷之一。

02

朋友小莉非常优秀，年纪轻轻就在政府部门担任要职。国家还没有实施开放二孩政策时，决定要二胎的她辞职成为全职妈妈。生完二胎后，她发现自己既要顾及大宝的感受，又要照顾好二宝，育儿知识越来越不够用，于是，她迷上了学习教育理论和教育技能，并且马上开始报课程、上课、实践。

在我们眼里，她不仅领导力强，执行力强，亲和力也很强。可是，有一天，她跟我诉说自己刚刚经历了一场心理煎熬。

她说，在政府部门做管理工作时，她是个典型的"女汉子"，做事雷厉风行，做人铁面无私，管理方式有时也会比较简单粗暴，为此也得罪了不少人。

当她学习了蒙台梭利的教育方法，学习了正面管教，学习了非暴力沟通，知道了尊重生命的本能，懂得了提高自尊水平才能提高自律水平，明白了学会倾听和表达的重要性，她开始反思自己为人处世的方式，决定做一个"温柔而坚定的女子"。

"教是最好的学"，学完了自己感兴趣的课程后，她开始跟大家分享她的收获。

可就在这个时候，一些曾经的下属，甚至一些朋友，开始攻击她，话也说得极其难听，什么"就她那火暴脾气，也能做教育？""她自己都不懂教育，有什么资格跟别人分享教育经验？"

质疑的声音传到了她耳朵里，一向好强且坚强的她也难过得流下了眼泪。

03

另一个朋友阿芸，家里姐妹众多。她从小就被教导"吃亏是福""要懂事""要忍让"……所以，她从小就乖巧懂事，包容体贴，也常常习惯了把一件事情做到极致，因为只有这样，她才能得到家人的关注。

婚后她遇到强势的婆家，阿芸没有决策权，她也用忍让的方式与婆婆和老公相处，顺从大家的意愿，希望自己的委曲求全可以让事业蒸蒸日上的老公省心，希望家里太平。

但结果是，明明婆婆自己有房子，却在他们家待了一天又一天，对家务袖手旁观，还对家里的一切指手画脚。丈夫忙于工作经常出差，经常应酬，难得在家。只有她，又要操持家务，又要操心工作，还要带两个孩子，生活过得越来越压抑，脾气也越来越暴躁。

孩子也在妈妈一天又一天的退让、不快乐中成长，刚开始还乖巧懂事、听话顺从。有一天，大儿子用难得早回家的爸爸的手机完成学校布置的打卡作业，无意中发现爸爸和女下属暧昧不清。已经到了青春期的孩子突然就爆发了，经常因为一些小事就大发雷霆，变得越来越逆反，并且开始出现厌学、自伤等情况。

04

人们常说，那些打不倒你的，终将使你变得更强大。

就像我一样，身高不够或许是我小时候挑食犯下的错，但已经没有办法修正。而且，虽然它曾经让我自卑，但是，我早就用"身高和智商是成反比的"这样的语言狠狠反击过那些比我高还拿身高嘲笑我的人。若干年后，我甚至可以在咨询的课堂上，坦然地跟大家分享我身上被贴过的最大的标签就是"矮小"。当然，今天的我，早就不再通过反击来表达我的不满，一笑而过，是我给出的最好的答案。原来，当你的内心足够强大，即使你被贴上了不喜欢的标签，也可以通过自己的努力一点一点地撕下来。

对于朋友小莉，听完她的诉说，我问了她两个问题，第一个是："那些评价你的人，他们在你心目中有很高的位置吗？"第二个是："你辞职后，他们有机会见证你的成长吗？"

我说："如果是一个在我的心目中有很高地位的人评价我，我会很在乎这个评价；但如果评价我的人在我的心目中没有地位，对不起，话说得中肯、有利于我的成长，那我好好听；说得不对，那我根本不在乎。"

是的，我们都有自己的过去，那个过去的自己有时候连我们自己都不喜欢，当然更没有资格要求大家都喜欢了。可是，这些年，你见证我的成长了吗？如果你连见证我成长的机会都没有，那么，你有什么资格评论我的现状？

她若有所思地点点头。

对于在众星捧月中长大、对自己要求非常高的人来说，太在乎别人的评价就是他的软肋。因为优秀，我们不允许自己失败；因为优秀，我们听不得那些否定的语言，因为那些语言会让我们怀疑自己。

而允许自己有时候不优秀，听得进不同的声音，对自己的过往释怀，这也是我们成长的一部分。

朋友阿芸的故事告诉我：有时候，我们的痛苦居然还可以在孩子身上爆发出来。我们不敢做的，孩子敢做；我们不敢说的，孩子替我们说，只是方式极端，会令全家疲惫。

对朋友阿芸来说，她的软肋就是：不敢在大家面前承认自己想真正成为女主人，不愿接受自己和孩子的现状，不敢把自己对另一半的不满表达出来，导致自己充满戾气，家庭氛围压抑。而看见自己的优点，接纳自己和孩子的现状，坚持学习，学会沟通，把自己的日子过得充实并且快乐、多彩起来，是她现阶段最重要的功课。

我们都有自己的软肋，尽管这个软肋的存在有时会让我们不舒服，但是，也正是这个软肋提醒着我们：原来，我们还有那么大的成长空间，所以我们不敢放纵自己，不敢松懈怠慢。这样，软肋就变成了我们学习和进步的动力。

探索自己的软肋，接纳它们，并为克服它们而努力，这将使你更加坚韧和成熟。

生活残酷，你要如何跟它相处？

01

我有个叫紫萱的朋友，高中没有毕业就嫁给了自己的初中同学，结婚证是到了法定婚龄之后补办的。婚后夫妻俩到深圳创业，刚开始比较顺利：开超市，超市赚钱；开公司，公司也经营得红红火火。但没过几年，竞争越来越激烈，他们经营的公司没有核心竞争力，很快就破产了。

公司倒闭后，先生出去上班，紫萱在家照顾两个孩子。刚开始的时候，虽然家里经济有点紧张，但一家人在一起还算是其乐融融。

后来，先生因为有经营公司的经验，被一家企业聘为营销经理。紫萱为先生感到高兴，虽然先生不是老板，但公司给的待遇还不错，在公司也有话语权了，家庭经济情况也得到了一定的改善。

而这个时候的紫萱，因为长期在家照顾两个孩子，没有任何收入，又疏于打理自己，和先生的距离越来越远了。

再后来，她打电话跟我们哭诉，说先生出轨了。紫萱说，自己哭过闹过，但因为自己没有经济收入，平时又不注意自我提升，先生说她三十岁的人，活成了四十多岁"中年妇女"的样子，他受够了。

我们问她，那怎么办？出来工作吧。她说，唉，自己累了，又没有读过什么书，没有学到什么技能，只能睁一只眼，闭一只眼，由他去了。

我们只能哀其不幸，怒其不争。电视剧《蜗居》里的宋思明太太在知道宋思明出轨时跟闺密感叹自己老了，说自己核算过成本了，隐忍才是最划算的。宋太太的价值观我不敢苟同，但每个人都有自己的选择。可紫萱，才三十岁出头，我们姑且不论当初辍学的选择、早婚的选择是不是错误，但只要愿意成长，不怕吃苦，人生是有翻盘的机会的，至少，还可以给孩子留下一个自立自强的母亲的印象。

02

我去过一个叫美倩的朋友家玩。美倩的爸爸是一个温文尔雅的医生，对我们特别热情。

那天，我们几个朋友又一块儿聚在美倩家，还留在她家吃饭。刚吃完一碗饭，美倩爸爸就热心地招呼道："美倩妈，给小李再盛一碗吧。"当我说不用的时候，美倩爸爸又说了："那就让美倩妈给你盛碗汤吧。"我笑着说："阿姨做了一桌子的菜，够辛苦的了，我自己来盛吧。"美倩爸爸随口接道："哪里有什么辛苦，不就是做几个菜而已吗？反正她在家也没有什么事，以后有空多来家里吃饭啊。"美倩妈妈什么都没有说，只是对着我们温和地笑了笑。不知道为什么，这个笑容让我感受到了苦涩的味道。

因为，如果是美倩妈妈这样说，我会觉得这是招呼客人的客套话。但美倩爸爸这样讲，我就有点诧异了。在我们这些晚辈的心目中，美倩爸爸是个温柔的男人，更是一个体贴的男人。没有想到，他会无视妻子的付出，甚至还觉得这是理所当然的。

饭后和美倩闲聊时，她告诉我们，妈妈年轻时长得很漂亮，是医院里的临时工。当时，是身为正式医生的爸爸主动追求的妈妈。妈妈生完孩子之后就没有再上班了，因为爸爸说，反正临时工也没有多少工资，别浪费那个精力了，妈妈虽然不是很乐意，但还是听从了爸爸的建议，所以，妈妈就待在家料理家务，照顾孩子。虽然爸爸对妈妈还是不错的，但因为家里的开支都是爸爸赚来的，所以，爸爸觉得妈妈为家里做什么都是应该的。爸爸平时喜欢招呼亲戚朋友来家里吃饭，妈妈经常要在厨房忙一个上午或者一个下午。爸爸看见了也不觉得有什么。

美倩说："我妈妈一个劲儿地叮嘱我要好好读书，将来一定要靠自己的工作养活自己。靠别人生活，这种日子太累了。即使这个人是当初口口声声说爱你的丈夫。"

03

在美剧《了不起的麦瑟尔夫人》中，麦瑟尔夫人的前半生可谓是顺风顺水，嫁给了理想的伴侣，生了一对儿女，成为大家眼中的"人生赢家"。然而，后面剧情反转，丈夫背叛了婚姻，一夜之间，她苦心经营的完美家庭就这样无情地崩溃了。

麦瑟尔夫人一开始非常沮丧，她一直以为自己可以过上幸福美满的生活，她也一直努力地维持着这样幸福美满的生活，但是没想到的是，她失去了挚爱的丈夫，失去了孩子，失去了自己。

麦瑟尔夫人开始反思自己的过去，思考自己如何才能成为一个成功的女人。她学会了如何与孩子相处，如何处理自己的情绪，她意识到成功不能靠运气，而是要靠努力和奋斗。

最后，麦瑟尔夫人经过痛苦的挣扎，走上了一条蜕变、成长之路。她开始了一段新的旅程。她在苏西的支持和帮助下参加了脱口秀表演，成为一位脱口秀演员。表演的过程中遭遇了很多的困难，但在不懈的努力下，麦瑟尔夫人获得了越来越多的关注，粉丝越来越多，表演越来越受欢迎。她的很多话都成了人们熟悉的经典语录。

虽然一路跌跌撞撞，但麦瑟尔夫人在不断地突破自我，最终由一个金丝雀般的家庭主妇，变成了一个光芒四射的脱口秀演员，为自己赢得了一个不一样的人生。

04

紫萱的故事，给了我三个启示：一是选择是非常重要的，你的选择可能会关系到你一生的幸福；二是没有能力傍身的时候，生孩子、做全职主妇，都要慎重，因为遇到困难的时候，你才知道谁可以为你真正托底；三是如果自己都不愿意努力，没有人可以救你，真正的救世主，只有自己。

美倩妈妈的故事告诉我：或许这世上有天长地久的爱情，可是这种要靠运气才能"中彩票"的事情，一般人还是不要有太高的期待为好。有独立生活的能力，才不至于在婚姻的道路上一败涂地。

而麦瑟尔夫人的故事，则让我清醒：这世上，所有的"人生赢家"都是靠自己熬出来的，以为另一半是"高富帅"就是赢，以为儿女双全就是赢，以为拥有一个完美家庭就是赢，如果没有自己的事业的话，很可能最后会输得很惨。

曾经有人问我：女人在家带两个年幼的小孩，没收入，被嫌弃怎么办？

我的回答是：没收入就敢生两个小孩，我佩服这个女人的勇气。既然这么有勇气，等娃稍大一点，赶紧出来赚钱吧，否则将来连你生的孩子也会嫌弃你的。

说完之后，我感觉自己太没有同情心了，这么直接地说出真相太残酷了。但转念一想，说不定当事人听多了安慰，听到真话心里会有一点触动。虽然"毒舌"，但是没有收入早晚会被嫌弃，这是生活的真相。

亦舒说：没有很多很多的爱，有很多很多的钱也是好的。可是，如果没有很多很多的爱，对方凭什么会给你很多很多的钱？而且，就算一时给了，能给一世吗？所以，做攀附寄生的菟丝花是有风险的。嫁人了，千万不要轻易辞职；生孩子之前，要准备好一些钱作为生活的保障。毕竟，没有多少人是含着金钥匙出生，不在乎钱也有花不完的钱。想好自己可以承受的最坏结果，而不是等一切都变了，再拿对方当初头脑发热时许下的诺言去质问对方为什么。其实没有为什么，生活就是这么残酷，而我们，还要好好跟它相处。

贫穷不是原罪，但懒惰是。成长很重要，能力很重要，金钱很重要。没有知识，至少要有技能；没有技能，至少要肯出苦力。面对生活，最好的办法是：自己有赚钱的能力，口袋里有余钱，人在不断成长。只有这样，才能在生活中自己做主。否则，被嫌弃是早晚的事情。

生活虽不公平，但我们有选择如何应对的权利。

可抵岁月漫长的是什么？

01

我从小就喜欢写作，迄今为止，有过自己认为的 3 个高光时刻：一是初二的时候在《广东第二课堂》发表了第一篇文章，拿到了 70 元稿费；二是读师范的时候，我们市里组织了一次大中专学校现场作文大赛，我以一篇《雨中的微笑》拿到了一等奖的第一名；三是 2016 年出版了第一本书，学校为我隆重召开了新书发布会。

虽然一直都是非著名作者，但是，写作带给我的快乐和成就感，是其他任何事情都无法比拟的。

记得还在一线担任语文教师的时候，有一年，我遇到了一个有轻生念头的孩子。孩子长得很清秀，个头很高，就是不爱说话，不爱笑，眉眼中有一丝淡淡的哀愁，身边也没有要好的朋友。因为每天都有布置写日记的作业，一开始的时候，那个孩子描写的都是天气啊，景物啊，或者读后感等不痛不痒的内容。后来，可能是发现我从不在班上透露大家的日记内容，并反复强调有任何事情都可以在日记中向我反馈，慢慢地，那个孩子就通过日记，每天向我倾诉她的委屈，她的难过，她不被爱的感受，我也在日记里给她留下了很多的"作文评价"。这些评价，有的时候，是一句鼓励的话："我能理解你的难过，宝贝，抱抱。"有的时候，是一句共情的话："是啊，给别人取难听的绰号真的是太过分了，老师明天上课的时候一定在班上说说这种现象，制止这种行为。"有的时候，是一句劝慰的话："孩子，你试着发现一下，你的身边，一定有人默默地爱着你，可能是每天唠叨你但仍在不断为你付出的妈妈，可能是你觉得有点偏心但在你有需求时可以第一时间站出来的爸爸，可能是你难过时安慰了你的同学……"

我带了那个孩子 3 年，我们就这样用文字沟通了 3 年，等到第 3 年的时候，我发现孩子身边有了亲近的朋友，我在她的脸上也时不时可以看见笑容了，同时，她还在日记中告诉我，自己已经很久没有过轻生的念头了。

这个时候，我才意识到：文字，我所热爱的文字，不仅给我带来了成就感和价值感，也给我身边的孩子带去了无穷的爱和希望。开心的时候，写下来，快乐就变得永恒了；难过的时候，写下来，痛苦就被分担了。

之后的我，更热衷于用文字和学生、朋友、家人、自己交流了，因为这些我热爱的文字，让我对一个个平凡的日子好像有了更多的期待。那种生活可以被记录、生命可以留下痕迹的感觉，很奇妙，也很美好。

02

我曾经在好友若兰家，看见了她制作山药南瓜糕的整个过程，为她享受制作美食过程的状态感叹不已。

她先把山药的皮削干净，然后用大火把山药蒸熟，再把山药切成块状，放进搅拌机，把山药打成泥状之后用小盆盛好。接着，她把南瓜放锅上蒸透，等南瓜放凉之后切好也打成泥状。最后，洗干净不粘锅，把已经打成泥状的南瓜放到不粘锅上炒，一直炒了近10分钟，等南瓜泥的水分脱得差不多了，再把南瓜泥盛到碗里备用。

等材料都备全了，她把山药泥捏成皮，里面裹上南瓜泥，再拿出消毒好的制饼模，把山药南瓜泥放进去，轻轻一按，一个漂亮的山药南瓜糕就做好了。

把山药南瓜糕放到锅上蒸5分钟，美食就出炉了。

整个过程，耗时近3个小时，我这个在旁边看的人都累了，要是我来制作的话，估计早就该"累瘫"了，但若兰仍然兴致勃勃。她跟我说："平时工作时间长、压力大，真的挺累的，幸好我有制作美食的爱好。你不觉得吗？切东西的时候很解压，捏山药泥、南瓜泥的时候很解压，看着一样样食物在自己的手中变成艺术品的时候很解压……"

说话的时候，若兰整个人都是在发光的。

虽然我不擅长制作美食，也感觉这个流程对我来说实在是太有挑战性了，更体会不到其中"解压"的感觉，可是，看着一个如此热衷于制作美食并且享受这个过程的好友，感受到她的热爱，我就觉得：生活真的很美好，有自己热爱的事情，真的很美好。

03

在《我们的婚姻》这部电视剧中，有两个让我印象深刻的片段，第一个是沈彗星在搬家的时候请了爸爸帮忙监工，自己带着孩子去商场唱摇滚，虽然台下的大爷大妈都只是为了抽取礼物待在那里的，他们都忙着接电话、择菜、聊天，没有人想听他们的摇滚，也没有人能听得懂他们的摇滚，但沈彗星和 3 个小伙伴没有因为别人的看法影响自己的表演，歌还是唱得那么动情，吉他还是弹得那么投入，架子鼓还是敲得那么卖力。当时的沈彗星，是一个在家待了 6 年的家庭主妇，不过即使这样，也没有耽误她玩摇滚；其他 3 个小伙伴，工作"996"，同样没有耽误玩摇滚。在他们的脸上，我看到了因为热爱而产生的快乐和激情。

第二个是沈彗星在职场慢慢站稳脚跟之后，一天想请假去唱摇滚，同事劝她："你给大妈唱一场才赚 100 元钱，可你请两小时的假就得按半天算，你知道半天扣你多少钱吗？你这属于自己贴钱去唱啊。"沈彗星是这样回答同事的："我组乐队唱摇滚，心情舒畅，我只有心理健康了，体力充沛了，才能当一个更有创作力的员工啊。"
最后，她冒着被上司拒绝的风险也要请假出去唱2小时的摇滚。

她的这些行为，就是对唱歌的热爱，对摇滚的热爱，对音乐的
热爱。这份热爱，深深地打动了看剧的我，让我觉得：生命中，有工
作，有热爱的事情，真幸福啊。

04

一个人，有自己热爱的事情，是真的可以提升幸福感和满足感
的。做自己热爱的事情的时候，可以更加专注和投入，也可以感到自
信和充实。

有时候我会想，人要是没有梦想，没有自己热爱的事情，会怎么
样呢？

估计，会很容易变成行尸走肉吧？

所以，我们要想办法找到自己的热爱，如参加兴趣小组、参加志
愿者活动、阅读自己感兴趣的书籍等。通过了解自己，了解自己的兴
趣和价值观，寻找与自己兴趣和价值观相符的家人、朋友，组成一个
成长共同体，彼此支持，共同发展。

我们还可以通过排除外界的干扰，专注于自己的兴趣，在日复一
日的平凡生活中保留自己的热爱。

不管是多小的爱好，不管是多小的梦想，都要坚持，因为，唯有
热爱可抵岁月漫长。

人生，可以输在起跑线上吗？

01

我原来是个很争强好胜的人，师范刚毕业带班的时候，如果同年级其他班的成绩比我班的成绩优秀，我会心急如焚。后来，我读完唐浩明先生著的《曾国藩》，细细品读这个被誉为"湖湘文化的定型者"传奇的一生之后，我对"人的成长"有了新的认识。这个认识，颠覆了我原来的一些看法，我相信，也会刷新你的认知。

书中描述的曾国藩是这样的——

曾国藩的家世、资质一般，14 岁开始跟随父亲应长沙府试，连续 8 年失败，直到 23 岁才中秀才。

曾国藩童年时期让人津津乐道的，是这个小故事：曾国藩入私塾后，有一天他带着背诵的作业回家，吃过晚饭，就开始在自己的房间里背书。他反复地背，但就是记不下来，这时候，有一个梁上君子已经潜伏在他的房间里。见到他的家人都睡了，唯独这个孩子还在背书，小偷只能继续等，想着孩子背书一会儿就累了。没想到曾国藩时过午夜还在一遍一遍地背。后来那个梁上君子实在按捺不住了，就从藏身的地方跳了出来，当着曾国藩的面把他反复背诵的课文背了一遍，然后扬长而去。

一篇课文，梁上君子听到都会背诵了，曾国藩还没背出来，可见曾国藩并不是一个智商过人的孩子。不过，还好，他勤奋好学。像背诵四书五经，经常是一遍不成就十遍，十遍不成就百遍，百遍不成就千遍，直到能够完整地背诵下来为止。他还在床边放了个铜盆，铜盆上用一根绳拴了个秤砣，把燃着的香用绳子系在拴着秤砣的绳上，十字交叉插在那里，当香燃烧到这根绳子的时候，绳子燃断，秤砣掉进铜盆发出声响他就会被叫醒，开始读书。因为勤奋好学，这个资质一般的孩子打下了扎实的基础。

曾国藩的一生，向我们证明了，人生，是可以输在起跑线上的。资质一般不要紧，努力就好；进步缓慢不要紧，前进就好；不够聪慧没有关系，勤奋好学就好；屡试屡败没有关系，心理素质够强就好。

02

看完这本书，我想到了跟我一起长大的堂妹若巧。在我的心目中，若巧身上也有着和曾国藩一样的信念。

若巧从小身体瘦弱，动辄头晕目眩，初中还没有毕业就由于身体原因辍学了。

在家休养一段时间后，若巧到了深圳，先做了一名印刷公司的流水线工人，接着出来自己开店销售手机。

20 世纪 90 年代在深圳销售手机是非常红火的工作，很多同行把旧手机翻新卖高价，或者低价进一些"水货"再高价卖出，赚了不少钱。跟同一时期一起开手机店的几个老乡相比，她赚得少。别人扩大店面了，她守着小店；别人进驻大商场了，她还守着小店；别人逢年过节搞各种花样促销了，她仍然安安静静地守着小店。若巧从不投机取巧，从正规渠道进货，老老实实卖货，就这样，经过几年的辛勤经营，她赚到了第一桶金。

后来，实体手机店越来越多，网上购物也慢慢兴起，若巧考察完市场之后，果断关掉手机店，回到了她干的第一份工作：印刷行业。

不过这一次，她不是做流水线工人，而是开始创业。

20 多岁的姑娘创业，有多艰难呢？她不懂管理，于是报了企业管理的课程，每天上完班就打车去机构学习，几本笔记本上密密麻麻记录着老师传授的知识，以及跟同学交流学来的经验。晚上学，白天用，发现哪里不行直接请教老师，跟同学交流。就这样，慢慢从管理几个人，到十几个人，到几十个人，到一百多个人……不懂技术，她就高价请来专家，指导自己公司的师傅，自己也在旁边跟着学习，一点一点改进；购买机器的资金不足，她就跑银行贷款，或者跟亲戚借，跟朋友借；没有工人，她亲自去人才市场招聘，还找了亲戚朋友，请求大家介绍合适人选……

就这样，她想尽各种办法，解决各类问题，一点一点学习，一点一点进步。几年之后，她拥有了一家有一定规模的属于自己的印刷公司。

"为什么会选择印刷行业呢？"我曾经问过若巧。

她告诉我，做流水线工人的时候，她就在观察：公司分几个部门，每个部门怎样运作，需要哪些机器，需要什么样的人才……

她笑着说，她就像一个藏在公司里的卧底，不是去打工的，而是去学管理的，学技术的，她想成立自己的印刷公司，做印刷公司的老板。即使中间经营了几年手机店，她也没有忘记自己成为印刷公司老板的想法。

不过，等自己真正创业的时候才发现，技术这东西是日新月异的，几年前学的，早过时了。别人做老板就是做老板，她做老板还把技术学了。当然，她不是为了自己真的上机操作，而是为了方便指导员工，同时跟员工探讨如何更好地改进技艺，生产出更高质量的产品，赢得客户的口碑。

"你知道吗？像我这样既懂设计、又懂机器、还懂管理的小老板，估计没有几个。"若巧笑着对我说。

我从她灿烂的笑脸中感受到了她的自豪。

这个初中没有毕业的女孩，没有像我认识的其他同等学力水平的女孩一样，早早结婚生子，放弃了自己的成长，而是靠着自己的努力，硬是闯出了一片天地。

如今，外表仍旧瘦弱的她，以自己做事果断、为人大气、经营诚信的特质，让公司的业务蒸蒸日上，也让自己活得从容洒脱。

03

曾国藩以自己不服输、能坚持的品格、能力、精神折服了我，同时也告诉了我：人生，输在起跑线上没有关系，坚持朝着目标长跑就好。堂妹若巧的故事也告诉了我：一个在起跑线落后的人，只要遵循以下 4 个原则，就一样可以获得成功的人生。

一是记得自己的梦想，若巧做过几年的流水线工人，做过几年的个体户，但她始终没有忘记自己想要成为印刷公司老板的梦想，而那些当年一起在流水线上打工的工友，因为没有梦想，很多年之后还是流水线工人，只是变老了。二是懂得坚持，没有一件事情是轻而易举就能做成的，凡是容易做成的事情大都不是什么重要的事情，若巧创业期间遇到了重重困难，可她从来没有想过放弃。三是遇到困难多想办法，少找借口，要坚信凡事都有两种或者两种以上的解决办法。四是把想法变成行动，并且立刻执行。

后来，再看班上孩子成绩的时候，我的心态就平和了很多：成绩好当然好，值得鼓励；成绩暂时落后一点，也没有什么关系。只要每天跟自己比都有进步，从不放弃努力就好。

都说做人做事最忌讳急功近利，《曾国藩》这本书，就告诉了我这个道理：人的一生，很长，笑到最后的才是胜利者。

起跑线只是一个起点，成功与否取决于你在人生旅程中能否坚持努力。

人生真的可以"没关系，慢慢来"吗？

01

有一次，我带领五年级的学生学习台湾著名作家林海音的《冬阳·童年·骆驼队》这篇课文，引导着孩子们领悟作者的天真、童年的宝贵。在品味文中描述骆驼的句子，以及理解由骆驼引发的思考时，我出示了文中这样一段话："老师教给我，要学骆驼，沉得住气。看它从不着急，慢慢地走，总会到的；慢慢地嚼，总会吃饱的。"

有个叫陈可的孩子问我："老师，这句话的意思是告诉我们：做人做事要像骆驼一样不要着急吗？"

我是微笑着回答的："是啊，骆驼缓慢，却也有它自己的节奏，它一步一步地走，每一步都仿佛在告诉我们：没有关系，慢慢来。"

后来，那个问我问题的孩子和我一样，成了一名小学教师。同学聚会的时候，跟其他在"大厂"工作、金融公司上班或者从国外回来准备创业的同学相比，她是那么平凡，那么普通。跟其他同学不同的是，她的身上有一种不急不缓的气质。

如今，按部就班工作、恋爱、结婚的陈可，也已经任教几年了。刚开始工作的时候，我听她诉说过自己的无所适从，特别是看到大家都在争夺"流动红旗"的时候，她觉得自己与众人好像格格不入。因为，在她的眼里，孩子们从小养成良好的卫生习惯、穿衣习惯、遵守纪律的习惯很重要，但因为学生忘记佩戴红领巾就狠狠批评，因为在课堂上说小话就大发雷霆，违背了她从事教育工作的初衷。在她的心目中，孩子是在错误中成长的，习惯是在爱的滋养下慢慢养成的，所以，她一直在摸索自己的成长之路，一条可能会很慢，但很值得走的路。对于她的这个理念，我是认可的、欣赏的，但也提醒她，这条成长之路可能会很漫长，还可能会很孤独。

前些日子，我看到区里的报道，说她被评为区里"我最喜爱的教师"。在她的事迹报道中，有一个画面让我印象深刻，那就是从她班级出来的孩子都说："陈老师很温柔，其他的老师总会催促我们'快一点''快一点'，只有陈老师，她总会跟我们说：'没有关系，慢慢来'……"

02

2022 年 4 月，江西师范大学软件学院公布了硕士研究生复试结果，41 岁的菜贩单良排名第一。

单良出生于 1981 年。2004 年，从天津工业大学计算机网络技术专业专科毕业的他进入了天津工业大学图书馆工作，他边工作边学习，报考了成人本科。后来，父亲突发重病，而且病情反复，离不开人。单良既要工作又要照顾病人，疲惫不堪，常常向单位请假。考虑到实在难以兼顾，不久后，单良离开了图书馆。

离开图书馆后，好心人潘先生曾给他介绍过一份不错的工作，但因为单良要照顾父亲也不得已推辞了。为了照顾父亲，也为了分担家里的经济压力，他继续选择边工作边学习。先后干过加油工、地铁站保安、小区门卫等工作。当得知自己考研上岸时，他的身份是一个菜贩，靠着卖菜的收入生活。

单良是 2009 年第一次考研的，当时，他的政治 55 分、英语 60 分、数学 18 分、专业课 38 分。老师当时是这样评价他的："还没有入门。"

但他没有放弃，他继续边工作边考研，先后参加 8 次研究生考试，7 次败北，终于在 2022 年上岸。

在考研的过程中，只要上班空闲，单良就把揣在兜里的单词本拿出来背，回到家更是争分夺秒复习，常常做题到凌晨……

他的卧室里，书桌、墙上贴满手写的英语句子、数学公式，就连天花板上也贴得密密麻麻。

"贴天花板上，一睁眼就能看到，又该复习了嘛！比翻书快。简单的事情如果能够重复做，你就是赢家。"单良用自己的行为诠释了什么叫"努力"，什么叫"锲而不舍"。

面对别人的嘲讽和质疑，他将考研视为必须征服的困难和必须迈过的坎儿。

现在的他已经非常淡然，他说："是逆流而上的勇气，也是漏船载酒的运气。我愿意蹚出一条血路，让大家看看，41 岁的研究生到底行不行？这么多年的坚持，到底能不能上？"

03

电影《消失的她》上映后大火。饰演假李木子的文咏珊被更多的观众看见并赞赏。

其实，早在文咏珊 14 岁时，她就因为先天条件太好，被星探在大街上发现，被称为"第一代嫩模"。

2009 年文咏珊更是签约唱片公司 Amusic，很受老板黎明的器重。

然而她并没有躺在外貌资源、外在资源上坐享其成，而是苦练演艺。

为了电影《大追捕》中十几秒的钢琴镜头，她从零起步，苦练了 3 个月。因为观察到钢琴家为了与琴键更贴合，大多不会留长指甲，文咏珊便自己主动修剪。她对自己的要求比剧组对她的要求更高。

作为一个出生于香港，在香港长大的中国香港女演员、模特，她坚持学习普通话，认为用原声去呈现作品，是演员的职责之一。在《消失的她》当中，假李木子开场被警察审问的那段一镜到底，本来节奏卡得很紧，有一个字说慢了，最后效果都会大打折扣，然而文咏珊诠释得干净利落，可圈可点，大大地提高了电影的流畅度。

在 2016 年上映的电影《寒战 2》中，她饰演看似非常文静但内心十分强势的律师欧咏恩。在讲述拍摄经历时，文咏珊说："我本来就不是说话特别伶俐的人，说对白的时候就挺困难的，所以我每天拍戏前都在反复背对白，做功课。"她练习的结果使人物形象更立体、更真实了。

在一次接受采访时，她说："不知不觉间我已入行 10 年，很多人觉得我走得很慢，但我一点也不这么认为，我无怨无悔。"

04

演员很多，但能够通过一个或者几个角色被大家看见的微乎其微，如果能够像文咏珊这样，用心扮演好自己的角色，耐心等待，哪怕过程再艰难，当熬过漫长的岁月，终会像珍珠一样，闪闪发光。即使最终还是默默无闻，认真对待自己的每一个角色，也无愧于观众。

考研大军不断壮大，最终上岸的人屈指可数，如果能够像单良这样，永远不放弃，即使最终没有考研上岸，这个追梦的过程虽然痛苦也一定绚烂。当岁月流逝，增加的除了年龄，还有那些生命中因为"努力"而留下的一些痕迹。

更多的普通人，像我当年教过如今已经去教别人的陈可一样，我们就像《冬阳·童年·骆驼队》中的骆驼，慢慢地走在长长的人生沙漠之中，品味着人生的酸甜苦辣，感受着生命的痛苦和温暖，脆弱和幸福。岁月的打磨并没有消除我们对生活的热情，我们还在岁月的长河中努力前行，并时时宽慰自己：只要上路，慢也没有关系，总会到达目的地的。

如果路上还没有遇到属于我们的盛典，也没有关系，那是因为我们走得还不够久、不够远。只要还在路上，你想要的惊喜和幸福，总有一天会来到身边。

成年人最好的活法，是逼自己养成什么习惯？

01

　　我清楚地记得 2020 年初，武汉方舱医院投入使用的当天，因一张照片走红的"清流读书哥"。

　　"清流读书哥"姓付，是个博士后，在美国的佛罗里达州立大学教书。因为春节返乡探望住在武汉的父母，感染了新型冠状病毒，成为武汉方舱医院的第一批患者。

　　拥挤的方舱里，摆满了病床，铺满了白色的被子。当别的患者在病床上睡觉、刷手机或者闲聊的时候，眉清目秀的他手捧一本《政治秩序的起源：从前人类时代到法国大革命》。他神情专注，似乎忘记了这里是医院，忘记了自己是病人，也忘记了疫情带来的种种不安。照片中的他，已经完全被福山运用比较历史分析方法，从国家与社会视角、制度变迁视角探讨世界主要地区政治秩序模式的起源与变迁等重大议题的内容深深地吸引了。

令人感动的是，他不仅自己读书、学习，还影响周围的人一起学习。"清流读书哥"出舱时，还对在方舱治病时认识的病友李甜许下诺言，帮忙照顾她家 15 岁的小孩子。因为怕病友不放心，还安慰她说："出院后隔离，我每天会控制你儿子看手机的时间，我会让他将更多的注意力放在学习上。"

面对病痛，面对焦虑，学习、读书是最好的转移注意力的方式。

英国作家毛姆说：阅读是一座可以随身携带的避难所。

是啊，对于患者来说，方舱医院是避难所；对于安顿心灵来说，书是"清流读书哥"的避难所。"清流读书哥"也因为任何时候都不忘阅读，成为大家心中的"清流"，拥有了一种与众不同的魅力。读书除了是一种重要的学习方式，可以帮助人们增长见识，丰富经验，提高思维力，增强判断力。同时，因为随时随地可以通过读书去学习，去探索，所以，读书甚至还可以帮助人们忘记病痛，让人们在嘈杂的环境中保持一颗平常心，在繁忙的生活中保持注意力，在浮躁的社会中保持思考力。

02

著名主持人何炅，拥有自己独特的幽默感和表现力，也有着很强的语言表达能力和文字组织能力，受到很多观众的喜爱和认可。有次，他在某节目中公开了居家期间的生活点滴。

节目中，他与观众分享了他的感想："这段时间，真的很适合阅读。"

随后，何炅还在节目中为观众朗读了一段《下雨天一个人在家》的节选。

听着何炅字正腔圆、感情充沛的朗读，看着何炅专注的神情、享受的状态，隔着屏幕，我们都能感受到他对阅读真正的热爱和投入。

在娱乐圈因为"高情商""好人缘"被人津津乐道的"何老师"，以才思敏捷和心思细腻被人赞不绝口的"何老师"，具备了极高的亲和力、快速的应变能力。从他身上显示出来的文人气质，一定与他年少时就养成读书的好习惯息息相关。

巴菲特的黄金搭档查理·芒格说：我这辈子遇到的聪明人，来自各行各业的聪明人，没有不每天阅读的——没有，一个都没有。

阅读还可以促进人们在日常生活中的交流和互动，帮助人们更好地理解他人、与他人建立更好的关系，同时也可以帮助人们更好地解决生活中的问题。阅读是一种非常有益的学习方式，值得我们每一个人重视。

03

我和好友花花共同利用周末的闲暇时间，为孩子们编辑了一本作文集，这本作文集无偿提供给我和花花所在学校的同年级所有孩子使用。

虽然没有任何的营利行为，印刷的时候，依然遇到了阻力。有位同年级的同事以担心印刷成本高、印刷质量无法保证、家长可能会反对为由，向领导反映了此事，临近退休的领导也对此事表示忧心忡忡。

几经周折，最终我们得到了所有孩子和家长的认可。我们真诚地希望能够帮助孩子们，解决他们"作文难"的问题。由于此事并未涉及任何利益，因此我们的问题妥善解决了，顺利地印刷出这本作文集。

因为耗时又耗精力，虽然事情已经告一段落，我的心里还是有些堵得慌。

睡前阅读的时候，我顺手拿起班上的孩子芊芊分享给我的一本书——《神秘的日落山》。

翻开第一页，映入眼帘的是这几个字：坚守真实的自己。

往下读，我很快就沉浸了下去——

"在成长过程中，面对一件事情，你会不会勇敢地表达自己不同的想法？面对不合理的要求，你会不会选择拒绝？想做喜欢且有意义的事情时，面对质疑和阻力，你会不会坚守住真实的内心……"

是啊，谁成长的过程中，遇到的事情都能称心如意？

想做喜欢且有意义的事情时，要面对质疑和阻力，不是很正常的吗？有阻力和质疑，才能考验你能否坚守真实的自己啊。而且，从另一个角度来说，故步自封，是因为看得少、听得少、做得少嘛，有什么好责怪的呢？况且，别人想要更好地保护自己，也没有什么错啊。

等我从故事中走出来的时候，那种"堵得慌"的感觉，早已消逝。

白岩松曾用几个"解"来回答读书的好处：解惑、解气、解闷儿。

我深以为然。

读书可以帮我们了解不同的思想和文化，可以让我们更好地理解不同的思维方式。当你思考问题的角度更多，思维方式更多元化，能让你疑惑的、生气的、郁闷的事情，就会越来越少。

04

知名媒体人王耳朵曾经说过：在这个竞争激烈的时代，一个人要怎样才能在这个社会上立足，不被轻易淘汰？最重要的，无非是以下两点：个人的稀缺价值、不断自我学习。而读书，就是最便宜、最方便，也最容易实现的自我学习方式。

亦舒在《流金岁月》中说读书的唯一用途是增加气质，世界上确有气质这回事。

其实，读书带来的，何止是气质？

困难时，书中有勇气；快乐时，书中有知己；迷茫时，书中有答案。

选择一个安静、舒适的环境，如书籍阅读区、咖啡馆、图书馆等，先制订一个读书计划，明确每周、每月和每年的阅读量，再设定一个具体的阅读目标，同时，根据自己的兴趣和喜好，选择适合的书籍并坚持读下去，随时进行总结和反思，是成年人最快也是最好的成长方式。

一起读书吧。

如何才能被世界温柔以待？

01

多年前，我的好姐妹紫嫣嫁给了一个潮汕人。我对潮汕男孩的印象是：他们热情好客、勤劳善良，善于经商，并且喜欢孩子，所以应该很好相处。然而，紫嫣嫁的这个男孩家里保留了许多据说已经流传很久的生活习惯。

因为爱屋及乌，虽然这些生活习惯紫嫣觉得不可思议，但是，她仍然尝试着接纳。这些习惯中，有些紫嫣觉得可以接受，比如，初一、十五要烧香祭拜；有些她觉得不可理喻，但仍然可以忍受，比如洗衣机洗完衣服用水桶装衣服时女人的衣服一定要放在下面，男人的衣服一定要放在上面；还有一些，对于在职场上打拼的女人来说，是非常为难的，比如，女人婚后不要在外面过夜，即使是在至亲家，也尽量不要。所以，婚前可以随意在我家留宿的她，婚后不管多晚，都得乖乖回家。

即使这样一而再，再而三地让步，和紫嫣在一起的男人，并没有因为紫嫣的容忍而加倍珍惜她。在他们结婚 4 年后，男方出轨了，并且卷走了他们一起打拼下来的所有财产。

紫嫣果断选择离婚。

离婚后，紫嫣沉浸在深深的失落和无助之中，承受着失败和失望的重压，她常常一个人躲在房间里，内心深处的伤痛像一阵阵巨浪，将她拖入深深的泥沼，让她感到窒息……渐渐地，在家人的安慰和朋友的劝说下，她开始明白，沉陷于过去的痛苦和自怜只会让自己越来越迷失和消沉。她意识到，为了重新找回自我，她必须振作起来，向前迈进。她开始放下过去的伤痛，重新审视自己的人生，并制订了新的目标和计划。而这段她最艰难、最煎熬的日子，父母一直在默默地陪伴她，还拿出了自己的养老金支持她。在父母的支持下，她学管理，学英语，学心灵成长，很快东山再起。

几年后，她和公司里一个招聘来的管理人员相知相爱并结婚了。婚后，他们有了两个孩子，时至今日，生意蒸蒸日上，日子过得风生水起。

02

朋友静雪是我的同行，工作积极负责，但在这样一个知识爆炸的年代，想要当好一位教师，真的是不容易。

她刚刚上班的时候，就听说学校某班级有个纪律极其糟糕的男生，课堂上表现非常离谱，老师多次提醒、警告均无效，冲动之下，就用书本敲了一下男生，男生回家跟家长投诉说老师打他，然后这个男孩的爷爷就闹到了教育局，调查的结果是老师那一下冲动的"敲"属于体罚，然后那个同事就丢掉了饭碗。

所以，初上讲台的她，用战战兢兢来形容一点儿也不过分。

可是，仍然发生了意外。

一天，班上的两个男生发生冲突打了起来，其中一个男生眼角受伤，血流不止。看到这个情景，她没有多想，也不知道哪里来的力气，抱着孩子就往学校校医室跑。等到处理完孩子的伤口通知家长来的时候，她的心里七上八下，担心自己会惹上麻烦，打电话的手都是颤抖的。还好，学校派了一个主任协助她一起处理这件事。

家长到的时候，她听到那个平时管理学校很严格的主任对家长说："孩子打架这个事情有的时候是不可避免的，静雪老师虽然年轻，但真的很负责，很用心，看到孩子受伤，静雪老师第一时间就抱起孩子跑到校医室进行处理……"

后面这个主任还说了什么，她不记得了，她只记得，从这件事中，她汲取了很多很多的生命营养，也看到了世界的温柔。

原来，自己做的不是只有自己看见了。

原来，不需要把所有的过错都揽在自己身上。

原来，预防得再好也不敢保证意外不会发生，更重要的是思考意外发生后如何及时补救……

她越来越爱自己的这份工作，虽然仍然会遇到很多挑战。

03

被称为"凭一己之力拯救了新东方"的董宇辉，来自陕西农村，他曾经用 8 年的时间在新东方带过 50 万名学生。

2021 年，因为疫情，也受"双减"政策的影响，新东方的营业收入大幅度减少，员工也辞退几万人。为了生存下去，新东方计划转型。刚转型的那段时间，董宇辉无比沮丧，他不知道自己还有什么价值，也看不到什么希望，沮丧的他甚至开始准备辞职。

2021 年 12 月，"东方甄选"在抖音进行首场农产品带货直播，董宇辉第一次尝试直播带货。但当他们第一次将这种带着浓郁讲课气息的新东方特色应用于直播时，网友并不买账。有人吐槽"不好好卖货说什么英语"，也有人嘲讽他："这种长相怎么做直播？"

在很长一段时间里，因为没有人关注，直播间只有五六个人，两个是董宇辉的爸爸妈妈，两个是另一位主播的爸爸妈妈。

有一天晚上，评论区全在说董宇辉长得太寒碜了，实在看不下去，还嘲讽："看直播本来就在花钱，还让我花钱花得这么难受。"

董宇辉痛苦过，纠结过，但最终，他选择了接受现状，并逐渐调整了心态。

后来，新东方旗下直播间"东方甄选"凭借"双语带货"火热出圈，董宇辉的知名度水涨船高。后来董宇辉被撒贝宁调侃"董宇辉你这个活着的兵马俑"，被粉丝戏称为"外逃了两千多年的兵马俑"。

如今，粉丝戏称董宇辉为"中关村周杰伦""兵马俑主播"。很多粉丝说，边买东西还能边学英语，真是太值了！俞敏洪向他表示了感谢，就连告别了直播的罗永浩，也在朋友圈发声："董宇辉牛逼。"

04

谁没有遇到过人渣呢？就像紫嫣，遇到前夫是她的不幸，但幸运的是，虽然因为遇人不淑而有过一段难熬的日子，但最终，因为有家人的支持，更因为自己的觉醒，以及自己的努力，她终于过上了自己渴望的日子。

哪份工作没有挑战呢？就像静雪，但她遇到教师生涯中的挑战时没有退缩，而是大胆面对，尽力而为，还非常幸运地得到了学校的支持。虽然以后一定还会遇到困难，但是，她已经有了足够的勇气面对。

成名后的风光无限，是多少成名前的默默付出得来的呢？董宇辉吃过的苦，受过的委屈，流过的泪，终于积累成他今日的才华和号召力，也终于为他赢得了人气和名气。

水木丁在《只愿你曾被这世界温柔相待》一书中说：谢谢你曾经这样温柔地对待这个世界。在这样的世界里可以用自己的温柔的方式生存下去的人，是了不起的人。

都说成年人的世界没有"容易"二字，可是，不管生活如果对待我们，我们都可以选择用自己喜欢的方式回馈。生活中的我们，有时活得像惊弓之鸟，那是因为我们都受过伤。可是，舔完了伤口，我们又可以兴高采烈地上路。这不是健忘，也不是愚蠢，而是乐观，是凡事都往好的方向去想。因为我们知道，人生中美好的人那么多，美好的事情那么多，我们连爱都来不及，为什么还要沉溺在那些不愉快、不痛快的事情中？

世界不算太坏，愿你曾被温柔相待。

为什么说"我不想努力，你就不能太积极"是混账逻辑？

01

新冠感染期间，好友依秋来电倾诉过一件事。

疫情下的"停课不停学"，给老师和学生都带来了新的挑战，线下教学变成了线上教学，老师和学生需要适应远程教学的平台和工具，还有面对时间管理和学习效率等各种问题。

作为一名中学教师，依秋非常重视自己的网上教学，她生怕学生落下了学习进度，又担心网上学习教师难于实时监督，因为这需要学生有很好的自我约束力，所以，虽然网上的课程非常丰富，但她还是决定根据学生的需求，以及自己对学生的了解，自己重新备课、录课。

她买来了专业的麦克风，下载了相关软件，自学了录课流程，从一名一线英语教师，迅速化身成一名"一线女主播"。

因为学校安排同一个年级的学生一起上课，所以直播时依秋面对的是全年级的学生。依秋对教材了如指掌，设计的课程贴合学生实际，教学方式灵活新颖，所以她的课很受学生欢迎。

不少同事都给她点赞。

但有一天，她突然接到一个同事的电话。同事欲言又止，拐了十八个弯才说出了来电目的：依秋的课给了她很大的压力，让依秋别那么积极录课了。

原来，她担心自己的课和依秋的有差距，班上的学生和家长对她有意见。

挂了电话，依秋有些气不打一处来，打电话跟我倾诉：我愿意为了学生学得更好而付出努力，我有自己的要求，也有自己的成就感，凭什么因为你不想努力就要我放弃？

02

亲戚家的女儿阿妮，在学校一直非常努力，年年都拿奖学金，毕业后通过面试成为一名街道工作人员。刚刚进入单位时，她有些不适应，因为她看到有些同事晚到早退，上班经常"摸鱼"，日子过得实在是太"潇洒"了。但是，她觉得这样混日子太浪费光阴了，所以，仍然选择认真对待每一个工作任务。她注重和居民的沟通，认真听取大家的意见和建议，努力解决他们的实际问题，为了让街道变得更加和谐美好而兢兢业业、任劳任怨地工作着。

有一次，阿妮管辖区内的几户居民投诉附近公园的广场舞声音太大、太吵，影响了他们的休息。这个投诉其实已经持续一段时间了，领导也派过几个工作人员解决这个问题，但最终要么就是跳广场舞的大爷大妈生气了，要么就是投诉的居民不满意。这一次，领导让阿妮处理这个问题。和同事们在办公室通过打几个电话解决问题的方式不一样，阿妮通过实地调查走访后，找到了公园里离居住区稍远一点的一块空地，请公园的清洁人员稍微收拾一下，既为跳广场舞的大爷大妈找到了一个比较宽敞、安静、阴凉的地方，又解决了居民投诉的问题。阿妮的出色表现引起了上级部门的关注，于是她被借调到了上级部门工作。

借调期间，阿妮依旧一丝不苟地工作着，但很快，她就被内部员工认为"太积极""太傻""太卷了"。还提醒她："不管怎么努力，都没有解决编制的先例，之前借调的 ××× 刚开始也那么拼命，认清了事实之后也……"

阿妮并没有因为这些言论而受到影响，她觉得新的工作为她提供了更多为百姓服务的平台，也为她的成长提供了更多的机会，她更加努力工作了。

虽然阿妮的工作表现非常出色，但是由于她的身份限制，并没有晋升的机会。不过，阿妮并没有因此而灰心，而是日复一日地用实际行动证明自己。尽管她的积极心态和工作态度仍然没有得到同事们的认可，但所有她服务过的居民都对她特别满意。

终于有一天，阿妮的辛勤付出被上级部门领导发现了。他们对于阿妮的表现非常欣赏，认为她是个很不错的员工。在领导的力推之下，组织提供了更好的发展机会，帮助阿妮解决了她的编制问题。终于，阿妮被内部员工欣赏和羡慕的目光所包围。

03

我的好友智辉在老家事业单位就职，虽然曾经有多次到大城市发展的机会，但是因为要照顾年迈且身体不太好的双亲，他选择留在了老家。

多年过去，当年邀他一起去外面发展的几个哥们儿都混得不错，而智辉，至今还是一个普通的职员。

他说，老家是个小城市，很多时候，地方越小，升迁越要靠关系，越不看能力。但这是自己的选择，所以没有什么可以抱怨的。哥们儿过得好，住着大房子，开着好车，那也是他们付出了很多不为人知的努力。有一个哥们儿，生着病还坚持出差，最后晕倒在会场，幸好及时送医，才脱离生命危险。智辉去看望他的时候，哥们儿手上还打着点滴呢，又开始开电话会议了。

智辉还说，虽然自己没有像在都市拼搏的哥们儿一样那么拼命，但是他也丝毫没有懈怠自己的工作。上班之余，他还会拾起读书时的爱好，写写文章，文字偶尔见报时，家人便会给他加菜庆祝。这些年来，父母的身体调理得越来越好，妻子对生活也很知足，孩子的学习也很不错。他和妻子、孩子陪在老人身边享受着天伦之乐。

他觉得，这样安逸的人生，足矣。

讲述自己故事的时候，我看见智辉满心满眼的知足和静气。

04

如果像智辉一样，选择安逸，愿意待在舒适区，也理解别人的付出和不容易，无可厚非；但如果选择安逸或者逃避，却责怪别人有跳出舒适圈的勇气，或者看不惯别人的努力，就显得又好笑又无理。

"我不想努力，你就不能太积极"，这是典型的"强盗逻辑"。人家愿意在成长路上花时间、花心思，花精力，你凭什么责怪别人太积极？

就像一个穷人垂涎富人的财富，却又不想奋斗，就跟富人说"你别拼搏了"一样，这是什么混账逻辑？

用自己的懒惰掩饰自己的平庸，还嫉妒别人人生得意，这不是心眼小、格局低又是什么？

要知道，文章写得又快又好的作者，可能经常有构思到深夜、一坐下来就是十几个小时的经历。

要知道，位高又年轻的领导，一定有更强的能力，或者背后付出了异常艰辛的努力。

要知道，专业能力强也好，领导能力突出也好，从来不是一蹴而就的事情。

自媒体大 V 阿何老师说：在一个大部分人都追求庸俗的环境里，保持庸俗无疑是"最安全"的做法，追求上进反而不被鼓励。倘若因为这样而放弃努力，最终买单的还是自己。

其实，依秋的工作环境还是不错的，她遇到的同事，大多心态正，有眼力，打电话来劝依秋的，只是特例。

后来，努力工作表现突出的阿妮，在解决编制问题两年之后又被核心部门看中，有了更高的平台和更好的机遇。

谁前进的路上，不是一路欢歌一路坎坷？远离混账逻辑，坚定自己的目标，专注于自己的成长和发展，不受别人的干扰，制订可行的计划，提升自己的实力和竞争力。总有一天，不断积累的经验，逐日提升的实力，一定可以助你一臂之力。

专注脚下的路，尽情挥洒汗水吧。相信前方等候你的，会是无限美好的风景。

职场格局有多重要？

01

年前，因为搬家，热心的邻居给了我一个搬运师傅的电话号码。我请了搬运师傅来我家看了东西，也谈好了价格。但搬着搬着，他突然提出要加价，说："东西太多了，要加 150 元。"

我看着眼前的这位师傅：浓眉大眼，胳膊粗壮，个子不高。天气很热，楼道里没有一丝风，他的头发湿了，额头冒着汗。因为我有很多书，比较重，辛苦肯定是辛苦的，但我依旧不理解他加价的要求。

虽然只是 150 元，但因为之前已经议好了价格，而这个价格是当时根据楼层、家具的件数和重量商议好的。师傅看我不乐意，继续振振有词，说他多么不容易，说他当初不知道东西这么重，不知道天气会这么热，上下楼梯人都快累坏了。

尽管心里不舒坦，但我最后还是把钱给了师傅。

第二天见了邻居，跟他说了此事。他说："哎呀！忘了告诉你了，这个搬运师傅活儿干得不错，但就是不实诚，之前帮我搬东西也临时涨价，被我大声呵斥之后就不敢了。我认识他好几年了……"

02

台湾著名作家吴淡如在《投资自己》中讲过一个六指老板娘的故事。

那是一个来自乡下、手掌畸形的女孩，成长经历非常坎坷。但她知道一定要靠自己养活自己，就算没有高学历，也要有专业技能。

她从不掩饰自己右手的缺陷，她的六根手指比一般人的手指更好用：她会开车，会做所有的家务，搬重物也没有问题，账还算得很利落，又写得一手好字，她还有一家电器行。

吴淡如要买一台电风扇，托邻居太太告诉六指老板娘，并提出了要求：声音要小、操作要容易、样子不能太土……结果，有 3 台崭新的电风扇一起送到了她家，她可以每台试用 3 天，然后选择满意的一台留下。

就这样，她靠热情、细致、周到的服务，赢得了顾客的心，生意越做越红火。后来，她还用做生意攒下来的钱买了几栋楼房。

03

我曾经在网上读过一个这样的故事。

20 世纪 30 年代，美国有一位每天都做着发财梦的年轻人，他向当时富豪榜排名第一的洛克菲勒请教发财的秘诀。

洛克菲勒拿出一个西瓜来招待这位年轻人，他微笑着把西瓜切成了 3 份，问这位年轻人：如果这块西瓜代表你以后得到的利益，你会如何选择？

年轻人毫不犹豫地选择了最大的那块西瓜。

洛克菲勒则挑选了最小的那一块。

就在年轻人大快朵颐地啃着那块最大的西瓜时，洛克菲勒已经吃完了最小的那块，并且拿起了另一块西瓜。

年轻人这时候傻眼了，但同时也似乎明白了什么。

这时候，洛克菲勒语重心长地对年轻人说：

"要想成功，你先要学会放弃眼前的那些小利，着眼于更长远的大利，这就是我的成功之道。"

04

生活中，我们会遇到一些人，想要过上更好的日子，但似乎一直在自己的环境里讨生活。比如我遇到的那个搬运工人。

生活中，我们还会遇到一些人，靠着自己不断的努力，过上了自己想要的好生活。比如吴淡如笔下的六指老板娘。

仔细观察，我们会发现，这些人，原来的起点都相差无几。但若干年后，他们之间，已经有了天壤之别。

刚开始，我以为第一种人真的很不幸，而第二种人真是很幸运。

后来，慢慢地，见的人多了，我才发现：每个人的生活，其实都是自己选择的。

职业虽无贵贱，格局却有高低。格局越低，越在意眼前的小利；格局越高，越懂得发展的道理。

拿六指老板娘对比我之前遇到的那个工人，可谓是天差地别。

帮我搬家的工人，为了眼前的一点小利，毫不在意顾客的感受，这就和用心做服务的同行拉开了差距。

吴淡如笔下的六指老板娘，她赢得的其实不仅是赚钱的能力，还有良好的口碑和信誉。

就像洛克菲勒告诉年轻人的道理一样：你能获取多大的财富，取决于你的眼光有多长远。

所以，不管从事什么工作，真正决定你的前途和"钱"途的，是你的格局。

如何熬过无人问津的日子？

我在深圳换过两个单位，换单位的时候，需要提前准备好简历。我的简历的封面上，有我自己认真写下的一句话：教师需要的，是学习，是成长，是看见。

其实，我知道，不管是教师还是其他工作的从业者，只要他是一个上进的职场人，那么，学习、成长是日常，而被看见，需要的时间却很长，很长。

01

李奕毕业之后之所以选择到深圳成为一名教师，不是因为他热爱教育这个职业，而是因为深圳的高薪。

刚刚毕业的他被学校任命为班主任兼英语老师。因为他年轻，形象好，有才华，学生非常喜欢他。但是，因为做的不是自己热爱的工作，所以，他也只是做到了"负责"，并没有多么"走心"。

工作满一年时，学校举行了新教师的专业能力大赛，原以为发挥得不错可以获奖的他，却拿了倒数第二名。而全校，只有倒数第一名和倒数第二名没有名次。在校长公布名单的那一刻，他蒙了。原来，他并没有付出真心对待的工作，也用这样残酷的结果给予了他打击。而当初跟他一起进入学校的一名女同学，通过一年的努力，不仅拿到了比赛的一等奖，还成长为科组的骨干。

和走到哪都颇受欢迎的女同学相比，李奕经常形单影只、无人问津。李奕开始反思自己，为什么做学生时还是佼佼者的他，会成为现在学校的"后进师"？苦思冥想后的答案是：自己没有认真向同事、向前辈、向学生学习，对工作投入度不够，专业水平也有待提高。于是，他开始秉着"干一行爱一行"的原则，认真向行业的前辈学习、向同事请教，认真对待自己的每一节课，看见每一个学生，练好自己为人师的每一项本领。

有一次，一个同事参加比赛，他跟学校申请跟着同事一起磨课。在备赛的那两个月里，大家都下班了，他俩还在备课、说课、试教，有时甚至练到深夜。

慢慢地，他带领的学生成长得越来越好，班级的成绩越来越突出；慢慢地，他积极报名参加的专业比赛也获得了一些成绩，专业能力也得到了大家的认可……

后来，他参加了区"优秀教师"评选，在众多优秀的教师中脱颖而出，获得了区"优秀教师"的光荣称号。分享会上，他说："虽然我的初衷不是成为一名教师，但教育是一份特殊的工作，我们面对的是一个个孩子，所以，做教师，就一定要做一名好教师，不能有一丝懈怠……"

02

周健是 20 世纪 90 年代的"中师生"。那个时候，"中师"是非常难考的，很多地方的"中师"分数线要比当地的重点高中还要高出不少。周健的成绩很好，但因为家境贫困，父母希望他早点出来工作，所以他报考了"中师"，18 岁就出来工作了。

毕业后的他背着一个帆布书包，带着 600 块钱来到深圳。由于第一学历不漂亮，他在人才市场无人问津，最后，只能先在一所民办学校任教，每个月拿着 900 多块钱的工资，每周 20 节课，10 次家访，虽然很苦很累，但他每天都充满热情地工作着。

因为学历低，也因为想要走得更远，他选择了边工作边参加自学考试，每天看书看到凌晨，常常是困得不行了就用冷水洗把脸，然后继续学习。

经过 5 年的努力，他先是拿到了大专文凭，然后拿到了本科文凭。拿到本科文凭之后的第二年，他以第一名的成绩考取了区中学语文教师编制。又过了 6 年，他参加省课堂教学比赛获得了一等奖的第一名。各大名校都向他抛出了橄榄枝。

在教学中，他注重实践，追求自由，大胆尝试，带着学生外出寻找深圳的秋天，给《诗经》配曲领着学生唱，让学生在爱上语文的同时，也爱上深圳，爱上音乐，爱上生活。

他站在孩子的角度看教育，坚持多年如一日跟学生进行笔头交

流。学生向他倾诉心事，他就扮演着知心哥哥的角色，一次又一次地
鼓励学生。他的心里，始终住着学生，所以，在他的眼中，教育是美
好的，是广阔的，是自由的，而他和学生之间的距离，很近。

03

欣冉是学幼师的，刚到深圳的时候，她在一所省级学校做临聘教
师，教小学语文。

她总是科组里最主动、最积极的那个，听课、上课、评课，她总
是冲在最前面，承担得最多，当然，也成长得最快。

但遗憾的是，临聘教师的招调考试，她的笔试成绩总是差那么一
点点，无缘参加面试，即使她的能力已经达到一定的水平，常常是区
里各项比赛的面试官，但自己的编制问题始终没有解决。

因为没有编制，她不能获得更高的薪资；因为没有编制，学校的
提拔屡次出现她的名字却最终又把她的名字划去；因为没有编制，评
优评先时她也多次失去机会。

后来，她因为能力出众被另一个区的学校领导看中，她到了一
个更好的学校任教，在这所学校从教期间，她终于解决了自己的编制
问题。

这么多年来，她担任了 18 年的班主任，接受心理咨询专业训练并
从事相关工作 16 年，考取了心理咨询师证、职业生涯规划师资格证，
长期与公益阅读组织合作，成为广东省阅读推广人、深圳市阅读推
广人。

如今，她受邀到一所新学校任教，学校给了她很好的成长和发展的平台，她在担任行政管理层的同时仍然选择待在一线，教着低年级的语文，享受着和孩子们一起学习、成长的快乐。同时，业余时间一直在孜孜不倦地推广阅读，有时间就为学生做公益咨询。

04

我问过李奕、周健、欣冉，在深圳从教这么多年，苦吗？他们的答案都是：当然辛苦，但更多的，是成长的快乐。

李奕说，从学校新教师专业能力大赛倒数第二名，到区"优秀教师"比赛第一名，他足足走了 20 年，这些时间和经历，告诉了他：先发光，再发声。要在人后非常努力，才能在台前看起来云淡风轻。

周健说，一个人如果起点低，更不能妄自菲薄，要做的，是付出加倍的努力，只有这样，才能离梦想更近一些。

欣冉说，做自己喜欢的事情，才能让自己每天都充满活力。因为喜欢可以产生无限的动力。

如今的李奕，已经成为学校领导，也是专业的一把手；周健成立了自己的工作室，成为很多青年教师的引领者；欣冉在区里，甚至在市里，都有了一定的影响力。

而我，从他们的故事中，也看到了：一个人，只有熬过无人问津的日子，才能看见诗和远方。你要相信，你坐过的冷板凳，总有一天，会变成抬起你的轿子。你需要做的，是默默努力，是坚持学习，是耐心等待，是积蓄力量，是持续成长。

那个从韩江边走出来的少年，后来怎么样了？

01

1986 年，年仅 16 岁的李小平来到深圳谋生。最初，他只是一名南山区小制衣厂里的流水线工人。因为手脚勤快，即使是最基础的计件工作，他也努力做到了速度最快、态度最好，于是，他很快就从"缝合中缝""装袖子""封袖口""装口袋"，到缝制难度最大的"装领子"，成为流水线上的佼佼者。一般工人最多一天装 120 条领子，他可以熟练地装 200 多条。

李小平责任心强，1988 年就被破格提拔为管理 20 多名员工的组长。为了让老师傅、新徒弟、老员工拧成一股绳，他每天不管多累，下班后都坚持到组员的宿舍走走、看看、聊聊，了解组员的心声，帮助组员解决困难。他发现，制衣厂在制作丝绸材料的衣服时，对缝制机器的洁净程度要求高，如果在机器没有擦净机油时就开始缝制，制作出来的衣服会很脏，影响品质，造成浪费。于是，他每天早上天不亮就起床，提前到工厂把每台自动缝纫机上溢出的机油擦干净，并调试好，保障了生产出来的衣服品质，有效防止废料产生。

6 年的打工经历，让李小平从普通员工，做到了"最年轻的组长""最年轻的主管""最年轻的副厂长"……

02

1993 年，李小平开办了和盈纸板服装辅料厂。有了制衣厂打工、管理的经验，他尝试自己创业办厂。在经营过程中，他发现包装类产品市场需求量非常大，但国内印刷行业还处在起步阶段，垫衣纸板等包装材料供不应求。对市场极度敏感的李小平马上意识到包装是非常有潜力的行业，毅然转战印刷包装行业，于 1996 年成立了深圳市旺盈彩盒纸品有限公司。

1997 年，公司刚刚起步，就碰上了亚洲金融危机爆发。公司订单骤然减少，面临的困境除了有环境压力，还有经济压力，但李小平没有退缩，而是充分利用时间带领团队研究产品，提升产品的质量；开发产品，提高产品的设计要求。在他的带领下，公司顺利地渡过了这次金融危机。

2003 年，成长中的公司遭遇黑天鹅事件。当时，"SARS"在全国肆虐，很多公司担心员工感染会导致封厂，纷纷将员工遣散回家，但他反其道而行之，为保障员工不被感染，他极力劝说员工留在厂里，生活物资由公司供应，尽可能减少感染的可能性。当病毒得到了有效控制，生产恢复后，其他许多企业面临着"招工难"的问题，而旺盈因保有足够的生产力，迅速投入生产，迎来了公司创办以来的第一波迅猛发展。

03

创业初期，李小平靠一己之力撑起一片天。为了做到经营公司胸有成竹，不管是调查市场，还是研究工艺，又或者是学习技术，每一步他都身先士卒，事无巨细地参与，每天天还没有亮就起床，直至深夜仍在忙碌。

公司运营步入正轨后，他注重求才纳贤，对外积极吸纳优秀外部人才，对内注重持续培养优秀员工。

旺盈的副总经理林奕宏，原是珠海电信局的主任，当初就是被旺盈重视人才的理念深深吸引，毅然辞掉"铁饭碗"加入旺盈。如今，他已在旺盈工作了 16 年。

品控部的唐淑群是 2014 年进入旺盈的。她每天的工作，就是对照每个客户的品质标准，对产品进行严格品质检测，确保公司产品能高质量高标准地交到客户手中。她说："这是一家坚守实体经济，并且很有大爱的企业。在这里有良好的工作氛围、优厚的福利待遇和优秀的企业文化，我也找到了归属感。"

如今，旺盈在职员工超过 8000 人，专职研发人员超过 250 人，全球生产基地 15 处，全球办事处 6 个，已进入现代化、智能化高速转型阶段。李小平作为董事长，虽然工作繁忙，但仍然一有时间就喜欢到车间，和生产线技术人员面对面交流、谈心，倾听他们的想法和建议，解决他们工作和生活上遇到的困难。通过这样接地气的互动，关心关爱着旺盈的"心肝宝贝"。

04

一个人能承担多大的责任，就能取得多大的成功。在个人和企业快速成长的同时，李小平也从没忘记回馈社会。捐资助学、筑路修桥、扶贫济困……近几年，旺盈参与的社会公益活动不计其数：关爱留守儿童，关注青少年体育教育，支持地方建设……

这些年，李小平持续加大力度投入教育事业。他和很多慈善家一起捐款兴建了丰顺县留隍镇东留石九希望小学、丰顺县留隍镇东留石九丰光小学……

除此之外，李小平还解决了众多学子的求学之忧。他成立基金会，用来鼓励、奖励家族内莘莘学子奋发上进，多出人才，为社会、国家多作贡献……同村的李美，从高中开始就受到李小平的赞助，她发愤图强，于 2020 年考上了广州体育学院。喜出望外的李美高兴之余，也意识到了学费不菲的新问题。李小平又一次伸出援助之手，不仅高额奖励其考上本科院校，还足额报销了李美 4 年的大学学费，解除了李美求学路上的后顾之忧，助其踏踏实实上大学，安安心心去学习。

　　"我相信爱出者爱返，福往者福来，旺盈的成长离不开社会各界的关爱和支持，离不开我们祖国这个稳定的大环境，能够回馈社会，为整个社会的和谐发展贡献自己的一份力量，我觉得很有成就感。"

　　李小平由衷地说。

05

　　如今，李小平又担任深圳市政协委员会委员，深圳市宝安区政协委员会常委，深圳市宝安区总商会荣誉会长，深圳市宝安区新安商会名誉会长。深圳的印刷行业都在流传着他既传奇又励志的人生故事，赞他勇于开拓，靠勤快站稳脚跟；夸他不畏艰难，靠执着步步登高；尊他求才纳贤，靠识人成就大业；敬他胸襟广阔，靠担当名扬四方。

　　从这个韩江边走出来的少年身上，我看到了这样的人生信念：

　　做任何事，都要对自己有要求，要尽力做到最好。

　　踏踏实实做好每一件事，付出的努力就不会白费。

　　遇到挫折，不要轻言放弃。

　　危机有时也是转机，困难的时候咬牙坚持一下，说不定很快就能迎来柳暗花明。

　　这些人生信念，值得我们每一个人细细品味，好好学习。

企业家成功的因素有什么？

企业家成功的因素有很多，有的是因为善于决策，有的是持续创新，有的是敢于抓住机遇，有的是懂得建设团队……

李灏，1971 年 9 月出生于广东省丰顺县，现任深圳市同安物业管理有限公司董事长，他又是怎样取得今天的成就的？

01

1988 年，由于爷爷奶奶年龄大，丧失劳动能力且长年生病吃药，父母务农，没有其他收入，家中兄弟姐妹多，家庭条件非常困难的李灏，初中刚刚毕业、年仅 17 岁就开始外出谋生。都说"人有一技之长，不愁家里无粮"。为了让李灏可以有一技之长，家人四处为他寻找出路。最后，在家人的支持下，他去了离家几十公里以外的一个叫大钱村的地方学手艺：打被子。去大钱村需要先坐一个多小时的船，再步行一个多小时。每次去学手艺，他都得带上学习技术时需要使用的工具。坐船的时候还好，但船靠岸后，他就得背着几十斤重的工具以及换洗衣服步行十几公里，常常是还没有走到大钱村，他就已经筋疲力尽了。

虽然辛苦，但因为勤快又肯学，李灏很快掌握了打被子的技术，但是，仅靠这门技术，挣来的钱只能解决温饱问题。半年后，听说做矿工收入比较高，李灏跟表哥一起成为下窑洞挖煤的一名矿工。高薪的背后，付出的代价是生命安全无法得到保障。几个月后，李灏所在的煤矿发生了矿难，李灏亲眼看到石头压到了正在工作的工友，血肉模糊的场面让他感到震惊和心痛。幸运的是，反应快、动作敏捷的李灏逃了出来，死里逃生的他还把一起挖矿的表哥背出矿洞，并且照顾他直到康复。

青少年时期的李灏，吃了很多苦，但苦难考验了他，也锻炼了他，使他具有了不屈不挠的意志力，这也成为他战胜前进道路上一切艰难险阻的力量源泉。

02

陆陆续续做了几份工作之后，李灏意识到，打短工不是长久之计，已经年满18岁的李灏决定参军，到部队更好地历练自己。

1990年3月，李灏光荣地成为原广州军区后勤部队的一名汽车兵。

进入部队的李灏，能够服从命令、不怕困难、主动学习、不断进取，积极参加各项活动，表现出良好的团队合作精神，也展示了个人的能力和素质。由于在新兵集训中表现突出，李灏被评为"优秀士兵"。新兵集训结束后，他被分配到汽车团（惠州）服役。到部队的第二年，因为勤奋好学，刻苦训练，李灏练就了一手出色的驾驶技术，他当上了所在连队的汽车教练。在部队，他既学到了本领，增强了体质；又增长了见识，锤炼了意志。直到 1993 年退伍，他一直保持着一个好习惯：做一件事情，就把这件事情做到极致。

因为，当大家都觉得"差不多"就可以的时候，你把事情做到极致，除了可以增强自己的自信心，还可以为自己争取到更多的机会和成功经验，最后实现以点带面，逐步蜕变。

03

退伍之后，李灏投身改革开放的洪流中，在建筑工地开车拉土，在码头开车送货，在市场开车送菜，给老板助理开车，利用优势跑工地，拉资源，既敢干，也肯干、能干。

在广州摸爬滚打了 5 年之后，李灏通过新闻了解到深圳的发展前景，看到了深圳因为改革开放带来的辽阔市场及无限机遇。于是，在1998 年的正月初九，他来到了深圳，在宝安区合兴彩盒厂打工。

打了 3 年工，也观察了 3 年的市场，他学到了一些管理的经验，也对市场有了一定的了解，看到了印刷市场的前景。2001 年，李灏开办了属于自己的彩盒厂，在没有后台、没有资源的情况下，他靠着敢为人先的勇气和敏锐的市场洞察力，很快就获得了印刷行业的第一桶金。他在经营的过程中讲诚信，宁愿自己吃亏也不让别人受损，同时，他特别乐于帮助别人，跟他合作过的公司和个人都愿意为他介绍业务，与他紧密合作。因此，他开办的公司发展得越来越好。

2007 年，随着市场的变化和竞争的加剧，为了适应市场的需求和发展的趋势，提高公司的服务质量，扩大市场份额，他转型创办了深圳市同安物业管理有限公司。同安公司按照市场化、专业化、集团化的管理模式，以客户至上、服务第一为宗旨，通过科学的管理和优质的服务，努力营造安全、文明、整洁、舒适、充满亲情的气氛。

如今，同安公司足迹遍布深圳市、东莞市、惠州市、广州市、珠海市、中山市、佛山市、梅州市，是省内面积较大、类型较多、覆盖区域较广的房地产开发及物业经营管理企业之一。而李灏，这位拥有30 年党龄的老党员，已经成为一名成功的企业家。

从一无所有到无所不有，李灏的成功并不是偶然的，而是有章可循的，虽然他非常谦逊地表示"至今还在创业的路上"，但是，他今日所取得的成就，可以带给我们很多启示，比如：

要做一件事情，就把事情做到最好的信念；

遇到再大的困难，也咬紧牙关克服的心态；

利用环境，拼命提高自己能力的认识；

把握机会，抓住机遇努力开拓业务的魄力。

待人诚信、乐于助人的善良，以及从来不亏待别人、爱惜自己和公司信誉的原则。

你所不知道的生意经是怎样的？

01

一进门就能够听到让人感到轻松的音乐，木制的家具，舒适的座位，墙上贴着逼真的墙纸作为装饰，再加上调灯效果，让人感觉有一种倾诉的欲望……这是福田区的一家居酒屋。在那里我第一次见到小玉。小玉面容清秀，皮肤细腻，双眼皮的轮廓清晰可见，看上去很年轻，后来我才知道，她只比我小一岁。我们一见如故，聊了很多话题。印象最深刻的，是她如何经营公司的故事。

小玉有一家教育培训公司，公司刚刚创立时，她利用自己的人际关系得到了一些订单。通过拉关系快速获得生意，公司也曾一度获得了不小的利润。然而，这个过程也不可避免地会遇到一些麻烦，而其中一次的经历让她彻底转变了想法。

一天，她得知某局有一个她的公司可以做的订单，于是就找到一个可以帮她说话的领导，邀请他一起吃饭商谈。预订的酒店看起来气氛很好，但到了包间才知道，那个领导带了整整 17 个下属一起来吃饭。面对这么多人，小玉有点惊慌失措，但还是强装镇静地忙着敬酒、夹菜。

一晚上下来，小玉忙到浑身疲惫。后来，她喝酒喝到呕吐，直至吐到晕过去，是被前来照顾她的先生接回家的。

第二天早上还没有醒酒就接到了签合同的电话，她想，花了两万多的酒钱，3 万多的菜钱，还好付出没有白费。可是，因为前一天晚上喝的酒实在是太多了，她拿着车钥匙准备去停车场开车，还没有走到停车场，就晕倒了，身上还受了伤。

幸好没有开车出去，不然可能被查出酒驾，而且，万一开着车晕倒，那后果更是不堪设想。这次的经历除了给她带来身体上的痛，更给她带来了很多思考，她问自己：这样靠关系拿订单不累吗？靠关系求订单能走得远吗？答案是否定的。所以，哪怕能用这种方式获得很多的订单，那也是牺牲自己的时间、健康甚至尊严换来的。痛定思痛，她决定不再用这种方式来求订单，而是踏踏实实服务好每一个有需求的客户，帮助他们真正解决目前遇到的问题。

为了更好地服务于顾客，她带着团队调研客户的需求，跟踪客户的学习流程，对客户的满意度进行摸底，然后再次调整实施方案。一系列操作下来之后，就是等待客户的反馈，用顾客的口碑和市场的认可来推动公司的发展。结果证明，实施新方案之后，客户的满意度和回购率大幅增高。

2020 年至 2022 年，创业环境复杂且困难，再加上有段时间政策打压教培行业，所以，小玉的公司也面临着无数挑战，比如停工、资金压力大、业绩下滑。小玉拿出全部的资源来培养教师，为学生升学量身打造最精准的解决方案。也就是这个举措，稳定了他们的经营，客户遍及全国各地，而且客户也对她公司的服务水准给予了极高的评价，夸他们真心实意为客户着想，有专业的水平和热情的服务。公司的发展越来越稳健，小玉个人也获得了许多奖项和荣誉。

02

我的堂妹做的是高端红包定制的生意。高端红包的用途多样，有当礼物送亲友的，也有办婚礼、满月酒等宴会使用的。一开始她做生意是先交付货物，再收货款，这样的交易方式可以带来更多的订单，可是也面临客户付款迟缓或无法支付的风险。有一次一笔较大额度的款项收不回来，导致企业的现金流出现问题，差点连当月工人的工资都发不出来，这些事情让她心力交瘁。

为了解决这个问题，堂妹谨慎地考虑了一段时间，最终决定每个订单先收取 50% 的预订金，对方验收货物合格后再付清余下的款项。

这种做法一开始面临了一些压力，因为客户还没有见到产品就要先掏出真金白银，有些资金不足的客户或者犹豫不决的客户就放弃了合作。

但堂妹对自己的产品很自信。她相信如果她能够保证产品质量及交货时间，假以时日，她的生意肯定是不会减少的。

果然，订单数量虽然一开始因为这个决定受到一点影响，但很快就恢复到原来的水平，甚至利润还呈增长的趋势。因为每一个订单都已经提前收到了 50% 的预付款，她的材料和制作时间都得到了保障，客户非常满意她的产品质量。有不少客户还给她推荐了新的合作伙伴。

堂妹除了成功地解决了她在收款方面遇到的难题，还通过做出高品质的产品，打造出了一家有信誉的高端红包制作公司。同时，堂妹自己也在业内树立了良好的口碑，奠定了自己的地位。

03

准备出版绘本的过程中，我联系了很多人，但是并没有找到一个真正能够满足我需求的插画师。一次偶然的机会，我在一个知名编辑的介绍下认识了一个价格比其他人都贵得多的绘本创作者。

这个时候，刚好是 ChatGPT 大火并冲上热搜的时候，为了节约成本，一个业内的畅销书作家建议我用 AI 画画，我的确考虑过他的建议，但跟这位绘本创作者聊天时，她的一番话打动了我。

她说："我一直记得我的导师跟我说的一句话：画画的时候，要对得起木头，因为每一张纸都是木头做出来的。"看我似乎没有明白，她又解释了一下：树木为了成为我们需要的纸张，付出了无法想象的劳动和时间。因此，当我们在纸上面涂画时，一定要对得起这些木头，这不仅仅是对自己的作品负责，也是对自然界的一种尊重。

为了了解她的专业水平和创作风格，我去查了她以往的作品，不从众，不浮夸，而且在与她的交流中，她不卑不亢的态度，温和有力的言辞，中肯又率直的建议，都让我感受到她创作的热情和对作品的珍视。

因为她的真诚，因为她的专业，也因为她对自己作品价值的认可，我最终决定付出一笔不菲的费用跟她合作。

与这位创作者合作的过程中，她花费了很长时间来理解和细化我的想法，她的每一笔画都相当精致并且付出了大量心血。一套有深度、有感染力的绘本就这样完成了，每一张图片都讲述了一个有趣的故事，每一页图画都注入了灵魂。

04

在深圳生活，会经常碰到生意人，他们有的平实低调，有的豪气盈眸。他们追求财富和成功，勇于拼搏，以市场为导向，脚踏实地去实现自己的创业梦想。

我也经常会遇到像小玉、堂妹、专业绘本创作者这样的"生意人"，他们有着自己的"生意经"，不趋炎附势，不随波逐流，不委曲求全，像一股清流，在市场中获得了面包，也实现了梦想。

小玉的故事告诉我：以专注品质为底线，真正为客户服务，公司才能保持可持续的发展，创业者才能面包与梦想兼得。

堂妹的故事告诉我：每个人和每家公司都需要勇于创新和接受挑

战。事业上的每一步都是追求卓越的过程，在做任何事情时都要让质量成为我们首先考虑的因素。只有客户满意度提高，公司才能获得良好的口碑和信誉。

而绘本创作者用行动告诉我：对自己热爱的事业应该持有一种虔诚的态度，才能够创作出那些感动人心的作品，才能用自己的才华来赢得整个世界，用自己的才华来回馈整个世界。

Part 03

第 三 部 分

情感认知与社交筛选

烟火里的爱情是什么模样?

01

一早起来,我就看到微信"吃喝玩乐"群中的活跃成员小青晒出的照片。照片中,小青家的陈先生在拖地。他面容俊朗,身材瘦高,配上熟稔的动作,有一种说不出的和谐感。小青配上了解说词:"每天被这个勤劳的声音叫醒。"

没过一会儿,"叮叮,叮叮……"我的微信提示音又响了。原来,是小青又晒了一张图,还配上文字:"再来一张,会不会拉仇恨?"

群里顿时热闹了起来:

"陈先生是稀有的好男人!"

"是啊，陈先生事业出色，在家还这么勤快！"

"像陈先生这样又上进又顾家的好男人可真是太少了。"

"好男人都被你挑走了。"

……

小青边发笑脸边继续补充道：

"他说我这么懒，他出差的话我怎么办？我说你总是要回来的吧，活儿都会给你留着。"

我们是先认识陈先生的。在大家的心目中，陈先生帅气、能干、有责任心。

在我们还没有反应过来的时候，陈先生就娶妻生娃了。

大家都很好奇，猜测陈先生的妻子到底是怎样一个魅力四射的女子呢？后来，陈先生的妻子也进了我们单位。见了面，我们发现，她脸蛋圆圆的，微胖，短短的头发，个子也不高。原来是一个很普通的女子啊。但是，交往久了，我们发现这个女子嘴甜、脑子活，情商还高，单位的领导、同事都觉得她为人处世特别靠谱。工作让人挑不出半点毛病，副业做得风生水起，最重要的是和她相处让人觉得特别轻松、舒服、快乐，甚至连我们也都想娶她。

有一次，我们去小青家串门。小青眉飞色舞地跟我们分享美食、美衣、美景，夫妻俩一唱一和，一个说，另一个补充；有时其中一个"断片"了，另一个就笑眯眯地等待着，那场面别提有多精彩了。那天我开始明白，夫妻之间是否般配，从来不是外人说了算的。

我们会看到很多般配的夫妻，他们彼此愿意沟通，有相近的三观，是对方最好的朋友，喜欢与对方待在一起，把平凡的日子过得有滋有味。这样的夫妻，身上都有一种向着阳光生长的力量。这股力量，让人喜爱，甚至让人着迷。

02

办公室的美女姐姐可薇，平时着装得体，面容精致，一到办公室就精神抖擞地开始忙碌，这天却套着件朴素的大衣来上班，还一来到办公室就哈欠连天。

我们调侃她："昨晚没有睡好啊？没有精神打扮了？"

她笑着接话："哪里，昨晚是我们家那位，非得拉着我聊天，聊到很晚还不肯放过我。今天早上闹钟响了我都没有听见，起来随便抓了一件外套就往单位赶了，还好没有迟到……"

"这该是有多恩爱啊，这么多话聊？"

"哈哈，谈不上恩爱，但好像两个人总有说不完的话。"

可薇结婚比较晚。人到中年的她，孩子在深圳名校上高中。先生是个大才子，把孩子的学习、思想引领得特别好。前些年，可薇也有忙到不可开交的时候：孩子读初中需要每天接送，老人身体不好需要照顾，先生在外区工作有时不能及时照顾家庭。用她的话说，是"顾得了头顾不了尾"。温柔恬静的她，有时也着急上火。

后来，先生怜惜她的辛苦，换了一个清闲一点的职位，照顾家庭的时间多了起来。孩子慢慢大了一些，住校了。老人身体好些了，回了老家静养。

于是，两人在一起的时间多了起来，小两口一起去吃美食，爬山，走亲访友，仿佛又回到了刚结婚时的状态，有时间就愿意腻在一起，有着聊不完的天。

有人说：夫妻之间，最可怕的不是没有爱了，而是没有话了。就像有的夫妻，处着处着就"相敬如冰"了，就像生活在同一屋檐下的陌生人。

夫妻之间最好的相处之道，是要有良好的沟通，要多用话语肯定对方的付出，多用肢体语言如"拥抱""亲吻"等表达自己的情意，多拥有在一起的特殊时光，比如，一起看书，一起运动，一起旅行。

看着可薇，我们就会觉得，跟那个最熟悉的人一起慢慢老去，虽然不再年少，或许激情已减，但是，有个愿意向你倾诉或者愿意倾听的人在你的身边，真好。

03

朋友小芳，在结婚第 9 年，孩子准备上小学的时候，为了孩子有个更好的学习环境，她调到了一个师资和口碑都比较好的学校。但这样一来，离家就远了。

是她的先生——那个内敛、含蓄的男人，每天早上 6 点多起床，给老婆女儿做完早餐，然后把老婆女儿送到学校，再把车放在老婆单位，自己坐地铁去单位上班。晚上，从自己单位坐地铁到老婆单位，然后开车把老婆、女儿接回家。

可是，小芳明明车技不错啊，小芳先生的单位离家很近，他明明每天早上 9 点才上班，还有，他送完老婆女儿，明明可以把车开到单位的。但是，这个把老婆孩子疼到骨子里的 IT 男说，他喜欢在路上听老婆孩子分享一天的快乐和烦恼，而把车留给老婆，是因为万一她们需要用到车呢。

如今，他们的孩子读中学了，小芳的先生仍然这样来回接送。周一至周五，每日如此，乐此不疲。

小芳跟我们说，先生真的可以不用那么辛苦的，她也心疼先生，可是，看见先生付出时那快乐的样子，她就把"自己带孩子开车上班"这句话吞回去了。

因为小芳更懂教育，孩子的学习主要是她在管理。每当小芳辅导孩子作业时，先生就安安静静地做好"热好牛奶""备好水果"这样的后勤工作。

一个付出时甘之如饴，一个享受时心怀感恩。这，就是长久婚姻的相处之道吧？

汉代的女诗人卓文君将神圣纯洁的爱情比喻成晶莹剔透的白雪和皎皎的明月，让人无限憧憬，让人无比钟情，却遥不可及。我喜欢把爱情比喻为伞。伞可以用来遮阳，可以用来挡雨。不管是在家还是出门，包里放着一把伞，心里便会踏实、安定许多。

有次，我家先生吐槽说，他在家是厨师，出门是司机，还经常兼任家里的电工、搬运工、修理工，连我写个公众号，他都得帮忙担任编辑。可是，吐槽归吐槽，连我们俩闹别扭的时候，该干的话，他还是会乖乖做完。

　　记得外公去世时，疫情还没有完全结束，他感受到了我的痛苦，驱车几百公里带我回到老家，让我花两个小时跟外公的遗体告别，接着又默默开车几百公里载我回到深圳。

　　参加重大比赛时那个简单又充满力量的握拳动作，亲眼看见我生孩子的痛楚后无言又心疼的泪水，在我失去重要亲人时的忙前忙后，让我在之后的很多很多个日子里，在他忙于工作无暇顾及孩子时，在他唠叨我又没有把东西放回原位时，在他因为小事发脾气时，我都会想起那个在我不太自信时、特别难过时，即使自己疲惫不堪，也仍然记得给我安慰的男人。

　　婚姻里的一地鸡毛，就是这样用柔软、温暖的心彼此呵护，才能打扫干净的吧？

　　虽然爱情不是生活中的必需品，但是我喜欢感受这样的爱情，也热衷听到或者看到这样朴实的爱情故事，就像出门时看见各式各样的伞，五彩斑斓，便觉得生活有了烟火味，特别的美好。

秀恩爱死得快?

01

朋友彤是个可爱的女子,胖乎乎的娃娃脸,让人感觉她像个布娃娃,一见面就想捏几下。不仅长得可爱,她工作还非常出色,负责单位的好几个项目还游刃有余,生活也过得热气腾腾的。

她谈恋爱的时候,作为闺密,我可没有少受"毒害"。

当时,她和男友分别在深圳的两个区生活,但近两个小时的车程并没有阻隔他们对彼此的爱意。

周五,要么就是她一脸甜蜜和幸福地跟我们告别:"我要去见我的木木了。"

要么,就是她那瘦高、斯文、儒雅、一身书卷气的木木奔向她的怀抱。

作为闺密，除了"羡慕嫉妒恨"，我们当然也特别希望他们的这段感情可以开花结果。

后来他们真的结婚了，如今儿女双全，家庭幸福。

一次彤跟我们感叹："早知道我们会成为夫妻，读书时我就应该把我的饭卡让他多刷刷，他就不会像现在这么瘦了……"

无限的怜惜。

一次彤跟我们显摆："我们家木木读书真多，文章也写得好有味道啊。"

满脸的骄傲。

又有一次，彤跟另一个闺密不着边际地调侃："……等我这个旅游达人回到家的时候，就看到了你和我们家木木躺在了一张床上……"。

听得我目瞪口呆。

02

另一个朋友嫦，因为在体制内工作，发现自己又怀孕的时候，国家的二孩政策还没有放开，生二孩是要被开除公职的，于是，她主动辞去体制内的工作。才出月子没多久，她就开始学英语，做微商，小日子过得忙碌且有滋有味。

看着她可以精力充沛地带孩子、学习、工作，再对比起自己休产假时的忙乱和狼狈，我对她是又佩服又羡慕。

一次她和我分享与先生相处的一个小故事。

过年的时候，他们组织一大家子聚会，小区外面放烟花了，想欣赏烟花的先生和儿子同时往阳台奔去，然后——"咣"的一声撞上了。因为疼痛，先生和儿子都大喊了一声："啊！"

嫦马上冲了过去，用手摸摸先生的头，紧张地问："你没事吧？"听到先生说没事之后，她才关切地问儿子："你还好吧？"

全家人大笑。

大家笑的是嫦。都说孩子是母亲身上掉下来的一块肉，而嫦的第一反应居然是心疼老公，不是心疼儿子。

嫦却觉得，那是她的自然反应。先生在公司担任高管，平时"日理万机"，而且主要是脑力劳动，所以文文弱弱的；而儿子，运动多，健壮，不怕撞。

03

还有一个老友芝，先生是她读研时的师兄，还在学校时彼此就相互爱慕，毕业后两人先后到了深圳，进了名企。

谈恋爱时，先生公派出国，她在国内等了几年。当时有同事提醒她，异地恋是很艰难的，多少人谈着谈着就散了。但她隔一段时间就晒出当时还是恋人的先生寄回来的礼物，一如既往的幸福和从容。后来，先生回国，两个人修成正果，买房结婚。

第一个孩子快 8 岁时，他们决定生二胎。因为年龄比较大了，所以要二胎时不太容易。但是，每次见面，芝都会满脸幸福地跟我们说："你们知道吗？我老公已经开始在学二胎养育的课程了。"

我们在给芝的先生点赞的同时，也忍不住感叹，是啊，对比起很多以为孩子出生了自己就是爸爸，却从不学习、不成长的男人，芝的先生实在是有太多值得炫耀的地方了。

后来，他们如愿生了个健康可爱的二宝。

坐着月子的芝，跟我们晒先生对她的呵护，比如心疼她喂奶时腰疼，只要有空就自己抱娃不让她抱，比如亲自下厨给她做各种滋补品让她调养身体，比如上网收集各种段子逗她开心，不让她月子里有不良情绪……

和一些爸爸的"丧偶式育儿"不同的是，芝的爱人是"全方位育儿"。

到后来，我们见面都笑芝：你这是养了一个"别人家的老公"啊。

04

有时和朋友们聚会，谈起明星情侣，总会有人感叹："秀恩爱，死得快。"我却不赞成这个观点。

陈道明为妻子缝皮包，不是秀恩爱吗？人家是越秀越恩爱。

黄磊甘为孙莉成为"黄小厨"，不是秀恩爱吗？人家携手走过 20 多年，越走情越浓。

所谓的"秀恩爱，死得快"，主要是"秀"，并无多少恩爱吧。或者说，当时恩爱，但时过境迁，人还在，情已不在。可是，那些没有秀恩爱的伴侣呢？那些没有恩爱可秀的伴侣呢？那些不屑秀恩爱的伴侣呢？他们的爱情婚姻幸福长久了吗？我们不得而知。

都说通过建立共同的目标，培养共同的兴趣，尊重彼此的空间，学会坦诚地沟通，保持浪漫，可以帮助维持婚姻关系。但其实，婚姻如鞋，是否合脚，只有穿鞋人自知。每对伴侣的情况都是不一样的，适用的方法也会有所不同。

我佩服朋友彤，要有多么强大的内心，对这段感情有多么自信，才能如此直接地表达对爱人的怜惜、热爱与崇拜，才敢拿自己的情感开玩笑。

我佩服朋友嫦，深深知道先生才是那个陪着自己慢慢老去的人，所以，她爱孩子却没有被孩子绑架，身为全职主妇却没有放弃自我成长，一直获得事业有成的先生满满的疼爱和赞赏。

我佩服朋友芝，守候情感时的那一份淡定，平常日子里的那一份对先生的认可，对日子的知足、感恩。

她们从不吝啬表达对另一半的爱，也从不惧怕别人说她们秀恩爱。和她们相识相处的近十年的光阴里，我看到的是，她们在爱，在狠狠地爱，爱另一半，爱自己，活在平凡却无比幸福的婚姻生活里。

你见过这样的爱情吗？

01

16 岁的时候，我刚上师范。那是 20 世纪 90 年代的中后期，中国经济发展迅猛，各种时尚的文化都开始流行起来，大街小巷传唱着一首名为《红红好姑娘》的歌曲。

那个时候，我和刚认识不久的好友秀丽都喜欢一个叫《地久天长》的爱情故事。故事的作者好像叫慧子。我们都觉得，文中所描述的天长地久的爱情，就是我们追求的爱情的模样。

当时，学校里几乎都是住宿生，我们的宿舍一楼住着男生，二楼到五楼住着女生。晚上宿舍熄了灯，就会听到一楼传来嘹亮的歌声。有段时间，几乎每个晚上都有男生在唱《红红好姑娘》，听到后来，我都能背出歌词了：

> 小时候的梦想
>
> 从来就不曾遗忘
>
> 找个世上最美的新娘
>
> 陪你到地久天长
>
> 爱你到地老天荒
>
> 用我温柔的心带你一起飞翔
>
> ……

而最喜欢唱这首歌的男生，是我们班的男生平远，他是我们班的副班长，一个阳光、开朗、有才气的大男孩。

他喜欢唱这首歌，是因为他喜欢上了我们班的一个女同学，那个女同学，就叫红红。

红红是外表温婉而内心坚定的女孩，她的言谈柔和，行事干练。

平远追红红的事情，在我们班是公开的秘密。但认真学习、追求上进的红红，跟我们说过她读书期间不谈恋爱，所以，尽管我们能看出来红红心里对平远也有意，但师范期间她并没有搭理平远。

师范的 3 年眨眼就过去了，大部分同学毕业后由国家分配成为家乡的教师。但平远没有成为教师，他先去当了几年兵，在部队的时候仍然通过信件追求红红。

在家乡任教的红红发现，她和身边追求她的人似乎都没有多少共同语言，倒是跟远在外地的平远有说不完的话题。但是，平远的家在外地，自己的工作调动不容易，怎么办呢？了解到红红的顾虑后，对红红一往情深的平远跟家里的哥哥、弟弟商议并征得父母的同意后，决定退伍后到红红的家乡找工作。

后来，退伍后的平远去了红红的家乡，参加烟草公司的招聘并成了一名职员。最后，有情人终成眷属，红红答应了平远的求婚，真的成了他最美的新娘。他们结婚的时候，我在另一个城市打拼，没有参加婚礼，但是，看到同学发来的照片，照片上的平远和红红笑得那么灿烂，那么美。我的耳边，仿佛又响起了当年的那首歌——

> 陪你到地久天长
>
> 爱你到地老天荒
>
> 用我温柔的心带你一起飞翔
>
> ……

如今，平远已经在红红的家乡生活了将近 20 年，他们育有两个孩子，平静而幸福地生活着。

见证他们恋爱、结婚、生娃的我们，没有看到什么轰轰烈烈的情节，有的，是日复一日的长情陪伴。

每次看见他们，我就会想起木心在《从前慢》里写到的："从前的日色变得慢，车，马，邮件都慢，一生只够爱一个人。"

我想，原来慧子说的是对的，这个世界上，真的有从一而终、地久天长的爱情。

02

知道自己有机会读博的时候，梦飞的双胞胎小孩才出生 5 个月，看着通过保胎、历经各种艰难好不容易生下的两个孩子，梦飞觉得很为难，她问老公："我是真的很想继续读书，可是咱们的这两个孩子还这么小，怎么办呢？"

"你读不读书，孩子不是都一样要长大的吗？我还不了解你，一个那么喜欢折腾自己的人，难道你不读书，就会花更多的时间在孩子身上吗？"深谙她性格的爱人直接反问她。

"可是我们原来的房子还没有卖出去，现在租房要用钱，大宝上学要用钱，两个小宝买奶粉要用钱，哪儿都要花钱啊。"

"是的，目前我们家经济情况的确不宽裕，10年后我们可能就有钱有闲了，可是，你那个时候还会想去读书吗？"爱人继续追问她。

就这样，在老公的支持下，梦飞报名去学习。

她知道，不管她做什么样的选择，爱人都会支持。那个在她只身在深圳打拼、一无所有时就爱上她的男人，那个笑话她"只要身上有超过2万元就会开始折腾"的男人，那个欣赏她不断学习、追求进步的男人，让她看到了自己最好的样子。

我想，比起那些想紧紧把老婆拴在身边或者让老婆为家庭做出各种牺牲的男人，梦飞的老公，除了大气，还有一种难得的自信。

03

雅文跟先生云霆是在一个读书会的群里认识的，他们一个在深圳，一个在广州。两人聊了近一年后，云霆来到了雅文工作的城市，约着雅文在深圳蛇口的海上世界见面。怕雅文觉得不安全，他让雅文带上朋友一起来。

结果，他们线下见面感觉也不错，就正式谈起了恋爱。

他们恋爱时，我们这些朋友是反对的，虽然他俩第一次见面时，我们这几个被雅文拉去蹭饭的朋友看到的云霆是一个阳光、开朗的大男孩，对他的印象也都不错，但总觉得"网恋奔现"有点不现实，而且那个时候的云霆跟雅文还在不同的城市。

但雅文就这样义无反顾地认定了云霆。

他们恋爱时，雅文最常跟我们夸的就是云霆的三观很正，说他虽然工作多年，但仍然没有变成"老油条"，做事坦荡，为人真诚。

恋爱半年之后，双方的父母都催婚，他们就选择走进了婚姻。

刚结婚的时候，他们在各自所在的城市工作，不堵车的话都要将近两个小时的车程才能见面，而且，新婚的小两口在攒钱买房，没有自己的车，所以，每次见面云霆都要花掉大半天的时间在路上。

因为深圳的房价太高，雅文和云霆决定在广州安家。他们在广州一个房价没有那么高的区买了一套小三房，随后雅文也在广州找到了工作，并搬到了广州。

婚后的第三年，雅文生下了女儿。因为身体比较瘦弱，雅文生孩子的时候受了不少罪，整整调理了一年才回去上班。在这一年里，云霆先是担心雅文产后抑郁，向单位请了陪护假，一刻不离地照顾雅文。回去上班之后，每天下班就立刻赶回家，给孩子喂奶、洗澡，陪着雅文散步、看电影、做中医治疗……

如今，云霆的父母帮忙照看孩子，雅文和云霆工作养家、供房。

他们结婚 10 年了，依然非常恩爱。

雅文说，在养育孩子以及与老人相处的过程中，难免出现矛盾。但在他们的家里，尊重老人，而不是盲从老人的意愿，可以说是"孝而不顺"。对云霆的父母，他们在金钱上、尊重上、自由上都给到位，但老人不合理的要求或者不可能实现的要求，也都直接拒绝。比如女儿两周岁之后，云霆的父母催着他们要二胎，云霆考虑到雅文的身体，直接拒绝了父母的要求。云霆反复跟父母强调，他们有享受自己老年生活的权利，所以，不强求他们一定要给自己带孩子。他们愿意给自己带孩子，自己很感激，但这个家的主人永远是他和雅文，所以，父母虽然是长辈，但也要尊重他和雅文的意见。

04

生活中，我见过因为异地，相恋双方渐行渐远的故事。从红红和平远的故事中，我知道了，异地恋最需要的是坚定，是理解和信任，是关心和鼓励，是频繁的沟通，是相聚的计划，是了解对方的需要。

生活中，我也见过很多结婚后迷失了自己的女子，她们不再谈论琴棋书画诗酒花，不再谈及自己的梦想和追求，而是把时间、心血、精力都献给了生活中的柴米油盐酱醋茶。从梦飞的故事中，我知道了，哪怕结婚了也能做自己。

生活中，网恋奔现还能幸福长久的故事其实不太多，从雅文和云霆的故事中，我知道了，看一个人，最关键的是三观。像雅文和云霆这样，只要双方三观契合，即使在一起不能大富大贵，但至少可以安全舒坦。

从他们的身上，我还知道了什么是最好的爱情。

最好的爱情就是，认定了你，就努力争取。

最好的爱情就是，你在哪里，哪里就是家。

最好的爱情就是，我了解你的梦想，也支持你实现你所有的梦想。

最好的爱情就是，在你最脆弱的时候，我就在你身边，设身处地为你着想，陪你度过最黑暗的时刻。

你是否会在意这份善意？

01

2004 年，我刚到深圳工作，那时的深圳治安并不是很好，不时听到入室盗窃、飞车抢劫和电信诈骗的新闻。商业区、火车站、公交车站等地方，也经常有小偷趁机行窃。

有一天，一位同事在上班的路上被"飞车党"抢了包，受到惊吓，还被拖行了近 10 米远。不仅损失了钱财，还受了伤。大家都心疼她，也为她感到惋惜，一边照顾她、安慰她，一边劝她自认倒霉。

但是，她并不这么认为，而是选择了报警。在我们当时的思维中，毕竟挣了钱才有被抢的可能，如果没有钱谁会去抢你呢？所以，遇到这种事情，大家多数时候都会自认倒霉，而不愿意选择报警，这是因为报警后能够破案并找到抢劫犯的可能性极低，同时还伴随着一定的风险。

但是，我的这个同事坚持认为，这不仅仅是她个人的问题，她要维护社会大局。她说："我被抢了，我受伤了，我不想有更多的人被抢，不想有其他的人受伤，所以，不能息事宁人。一定要让警察知道，这里出过事；一定要让附近的人知道，经过这里要特别小心。"

听到同事的话，看到她的举动，我既感动，又钦佩。她选择报警其实并没有给她带来什么实质上的好处。相反，因为选择报警，那天她还要带着伤在派出所配合完成各种记录。

后来，我们发现，同事被抢的那个地方，多了一个巡警。当然，这也许不是同事报警直接得到的结果，但至少这让我知道，如果遇到类似的问题，我们每个人都能向有关部门提供线索，也许就会改变当下的环境和局面。

02

好友杨羽因身体不适，去医院做了全身检查。医生怀疑他患上了肾病。杨羽得知这个消息后内心非常焦虑，因为他清楚肾病是一种非常严重且难以治疗的疾病。他的家人同样非常担忧，他们知道这对杨羽来说是一个巨大的打击。医生告诉他们，治疗效果可能不尽如人意，他们必须做好心理准备。

杨羽的家人很着急，他们按照医生的建议，让杨羽乖乖地服药和打针，希望能够尽快控制住病情。然而，经过短暂的治疗之后，杨羽的病情不仅没有任何好转，反而变得更加严重了。他的家人决定将他转到省里的一个大医院进行治疗。在那里，医生对杨羽进行了重新检查，确诊了他的病情：甲减（甲状腺功能减退）。这种病情需要长期服用药物去调节甲状腺，才能达到治疗的效果。好在这个病并不是肾病，治疗也相对来说容易得多。

服用药物之后，杨羽的病情迅速得到控制，不久就可以正常上班了。他的家人非常欣慰，感谢那个省里的医生为杨羽治愈了病痛。

这个时候，杨羽接到了第一个就诊医院的回访电话，想要了解杨羽的情况，杨羽只是简单回复说情况已经好转。

当我们得知杨羽的反馈时，把杨羽批了一顿。我们都认为杨羽应该告诉医生有关他的病情的真实情况，因为正确的诊断对于病人的治疗和康复非常重要。同时，如果杨羽不反映情况，第一个医院的医生将无法意识到自己的误诊，可能会在将来处理类似情况时重蹈覆辙，给其他病人带来困扰和不适。

我们的认真让杨羽认识到了自己轻描淡写回复的不当，也表示如果医院再打电话来一定好好说明情况，让其他相同病症的患者能够得到更好的治疗，减少担忧和痛苦。

03

导演大鹏凭借电影《煎饼侠》获得了 11 亿元票房，成为观众心中的一位喜剧大师。虽然是喜剧，但我也从他的作品中感受到了他的辛酸和不易。他在电影中创造出幽默搞笑的氛围，能够在逗笑观众的同时传递深层次的情感。大鹏的作品中常常融入自己的亲身经历和观察，使角色更加真实可感。他的成功不仅是因为他的喜剧天赋，更是因为他对人类情感的敏锐触及和对社会现象的独到见解。

电影火了之后，他的书《先成为自己的英雄》也引起了广泛关注。在自序中，他回忆起一个感人的故事。

这个故事是关于一位女孩的，女孩报名参加了脱口秀节目《大鹏嘚吧嘚》的录影，别人看到大鹏都笑，只有女孩在哭。大鹏后来才知道，女孩生病了，从老家到北京治疗，她喜欢大鹏，喜欢看大鹏的视频，哭是因为第一次见到大鹏，太激动了。

大鹏听了女孩的故事，他坦言，当时他对写书这件事是有些抵触的。他想：自己有什么资格说故事呢？自己的故事有谁愿意听呢？听了以后有什么用呢？

女孩说有用。大鹏的故事激励着她，让她觉得好好活下去是有意义的。

这个女孩深深地感动了大鹏，让他重新审视自己的人生和创作。

在女孩的影响下，他改变了自己的看法。他觉得，自己并不需要成为大家心目中的英雄，而应该更多地关注那些在平凡的生活中，坚持自己的梦想和追求的人，这些人才是真正值得被关注和被记录下来的。

04

十几年前，我的老同事让我意识到，遭遇坏事不应该只是自认倒霉，而应该担负起一定的责任。在一个现代化的大城市里，一个人的力量显然是微不足道的，但是如果每一个人都能为社会尽一份力，这个社会就会更加美好。

杨羽被误诊这件事也让我想到：真诚指出对方的失误，是帮助对方进步，是善待健康和生命，是节约时间和金钱，可以避免引起更加严重的后果。杨羽的做法虽然遭到了我们的指责，但让我们每一个人都认识到了如实反映问题的重要性。

而大鹏的故事告诉了我，不管我们的力量大还是小，它都是不可忽视的。

我们都是平凡人，常常会以为自己很渺小，发出的声音没有人在乎，可是，如果大家都这么想，那世界就会变得一片沉默。其实，不是这样的，如果我们自己淋过雨，看到天上有乌云飘过，告诉大家要带雨伞，要避雨，这样的发声，是善意；如果我们受过伤，告诉路人前面有个坑，记得绕过去，是善意；如果我们愿意去写、去画、去倾听，向大家传递我们的温暖，也是善意。

因为这些善意，我们的身边会一点一点变得美好。因为这些善意，会让我们觉得：人间值得。

而这个世界，总有人发自内心地喜欢我们，总有人在乎我们的付出。

人生最重要的功课是什么？

01

读中学的时候，因为我就读的学校离叔叔家近，而且叔叔家有更好的学习环境，父母就安排我住在叔叔家。

从叔叔家到学校的路上，我要经过一家高档水果店。每一次，那些水果都像发光一样晃着我的眼。不过，我是不可能光顾的。虽然父母做着小本生意，也赚到了一些钱，甚至还成了我们村里的第一个"万元户"，但因为他们节俭惯了，所以父母给我的生活费，虽然不算太抠门，但那也是经过精打细算之后给出的数额。除去伙食费，每月剩下的钱，也仅仅够我多买几本书而已。买高档水果的钱我拿不出来，就算能拿出来，我也是舍不得的。而且，像来自北方的樱桃，一斤卖到好几十元，我觉得也实在是贵得离谱。

一次，平常都是带着自家种的香蕉、龙眼等水果来看我的父母却主动走进了这家高档的水果店，买了一小箱樱桃。我高兴坏了，以为可以大饱口福。看着我兴高采烈的神情和垂涎欲滴的样子，爸爸妈妈却一本正经地对我说："这些樱桃，不是给你吃的，是买来送给你叔叔的，叔叔帮了我们家那么多，这些水果是拿来感谢他的。"看着我还是眼馋的样子，妈妈从水果箱拿出几颗樱桃，放到了我的手上。

而他们，一颗也没有尝。

这几颗甜中带酸的樱桃，让年幼的我万分不解："为什么自己不舍得吃的东西，却要买来送人呢？"

爸爸妈妈的回答是："送人的，当然要买好东西了。自己吃的，随便就好了。"

02

去年元旦的时候，我去见了一个好朋友。她的状态不太好，脸色苍白，眼睛无神，整个人萎靡不振，我询问原因。原来，除了我们都知道的，先生因工作外派，照顾孩子的任务主要由她承担，她还承受了很多，比如一个月超过 5 位数的房贷，孩子的频繁生病，工作上的压力……

回想起婚前那个活力满满的姑娘，我真的特别心疼她。

闲聊间，我问了她一个问题："付出了这么多，你是怎样犒劳自己的啊？"

她苦笑着指着自己身上穿的暗蓝色的长款连衣裙说："唉，平时都不记得对自己好了。这件打完折 180 元的裙子，是我这几个月以来唯一犒劳自己的小礼物。其实，这些天来，我还给我爸买了一部手机，给孩子买了乐高，给先生买了皮带……"

03

正面管教的家长讲师认证课堂上，来自美国的高级导师罗莉拿出一个大大的塑料罐对我们说："这个罐子里，装了大石头、小石头、沙子、水，最后，这个罐子装满了。现在，大家来想象一下，如果这个罐子就是我们的人生的话，那么，这颗最大的石头，是什么？"

有同学说是家庭。

有同学说是孩子。

有同学说是爱人。

有同学说是工作。

罗莉老师一直微笑着听大家的分享，直到有人说是自己时，罗莉才笑着说："哦，是的，这颗最大的石头，应该是自己，大家说说为什么这颗最大的石头应该是自己呢？"

有的同学说因为先照顾好自己才能照顾家庭。

有的同学说工作只是自己生活的一部分。

有的同学说孩子其实并不属于自己，孩子只是依托我们来到这个世界，他们以后会拥有足够的能力照顾自己……

04

送人的，要好东西；而自己，随便就好了。

这句话，曾经深深影响着我，让我不敢买太好太贵的东西给自己使用。

但后来，我不这么觉得了。

我们的上一辈，像我们的父母，他们似乎总在付出的模式中，把自己的需要放在最后，甚至忽略自己的需要，努力满足周围人的要求和期望，却唯独忘记了爱自己。如果这份付出是心甘情愿的，而且自己也非常享受，那也还好。不过，现实生活中，我看到的，任劳任怨的其实并不是太多。很多人，任劳了，却并不任怨，一味迎合他人的要求和期望，导致他们压抑无助。承担太多原本不属于自己的责任，但又不敢反抗，最终都积累成了牢骚。

当然，我的思想的转变，一方面，是因为经济实力的转变，我有能力买我喜欢吃的任何东西；另一方面，随着自己的成长，我越来越知道，只有先好好爱自己，厚待自己，我才有更多的力量去爱别人，宽待别人。

而对我的这位好友来说，孝顺老人并没有错，体恤爱人、疼爱孩子也是作为妻子和妈妈的本能，但她最需要的，或许是先好好款待自己：喜欢美丽的话，给自己开一张美容卡；喜欢旅行的话，来个亲子游；喜欢学习的话，给自己报个成长班。当自己过得开心、充实时，虽然压力仍然在，但已经有了更多的能量去处理生活中的一地鸡毛。

爱自己，把自己放在最重要的位置，这不是自私，而是对自己身体、情感和精神的照顾。

　　了解并接受自己的优点和缺点，接受自己的不完美之处，不对自己过于苛求，培养自己的兴趣爱好，做让自己感觉舒服的事情，增强幸福感和内在的满足感，学习自我关怀，懂得自我慰藉，自我鼓励，设定合理的界限，锻炼说"不"的能力，了解自己的需求，在长长的一生中照顾好自己的身体和心灵，把爱自己当成一生中最重要的功课去学习。

　　自己，才是自己终生的情人。

和在一起的人在一起有多重要？

01

那天，我和同事们开完会聚在一个舒适、温馨的小咖啡馆里，一边品着浓郁的咖啡，一边聊着彼此生活中的点滴。

F 轻声说起她婶婶的故事，让其他人不由得陷入了沉思。

F 的婶婶我们都见过，她年过六旬，慈眉善目，总是笑眯眯的。她有一个独子，在北方念大学，暑假有一次给 F 送糖水的时候我们也见过他。他是一个略显消瘦的年轻人，面容有些苍白，留着一头凌乱的黑发，眼睛因为长时间盯着手机而出现红色的血丝。

F 的婶婶告诉 F，因为儿子平时不在身边，好不容易盼到他假期回家了，以为可以跟孩子好好聊聊，谁知道，孩子却天天戴着耳机，打游戏，聊微信，在各个网站闲逛……似乎与真实世界隔绝了。

吃饭时，他在刷手机。

睡觉前，他在刷手机。

连上厕所，他都在刷手机。

为了一家人一起出去看看风景，品品美食，散散心，聊聊天，F 的婶婶报了一个旅行团。可是，在难得的旅行途中，儿子一路也在刷手机。

旅途中，他们穿过一片古老的森林，走过一段狭窄的山路，还游览了一座古老的寺庙。婶婶还以为这样优美的环境，可以让孩子把心收回来，与身边的人共同享受这一刻。然而，即使是在这些美好的景色中，他也无法割舍与手机的联系。他总是低着头，不断滑动着屏幕。

甚至在导游喊大家拍集体照时，他也不愿意放下手中的手机，在他看来，手机比一切都重要。身边的人，身边的事，在他眼里仿佛都无关紧要。这种行为让婶婶感到沮丧，她原本是期望与孩子一起沉浸在自然风景中，建立更深厚的互动和联系的。

02

朋友 G 的生活让很多人"羡慕嫉妒恨"。她是全职主妇，先生在外企做管理，工作环境优越，收入也稳定丰厚。他们带着一个乖巧的女儿，住在被深圳人称为"高尚住宅"的小区里，出入开着价格不菲的私家车。

聚会的时候，大家提起他们，都是一副羡慕的表情。

一天晚上，我准备休息的时候，突然接到 G 的电话："有空吗？陪我聊聊。"

我调侃她："这么晚了，不跟老公聊，却找老友聊，你没有搞错吧？"

电话那头传来的声音一本正经："这么晚了，我却见不到老公，除了找老友倾诉，不知道可以做些什么。"

"别人都很羡慕我的生活，我也知道自己应该满足了，可是，我现在才知道，没有另一半陪伴的日子是多么难熬。"

"大家在庆祝节日的时候，他在上班。"

"周末朋友聚会的时候，他在上班。"

"女儿放暑假、寒假，班上同学的爸爸妈妈都休假带孩子旅游去了，他还在上班。"

"女儿现在四年级了，他没有参加过一次家长会，没有做过一次家长义工。"

"女儿班上的一个同学家长看我每次都自己参加班上的活动，有一次终于忍不住了，吞吞吐吐地问我：'你是一个人带孩子吗？'"

G 说，先生出生在一个贫困的家庭，从小学习就异常努力，期盼知识可以改变命运。果然，知识真的改变了命运。先生毕业后在一家外企找到了一份很好的工作，从底层做起，够努力，够拼命，又够聪明，才做到了今天的高管。

可是，因为吃过苦，因为怕失去，他把精力几乎全部放在了工作中，即使成家了也不例外。家庭在他眼里似乎成了摆设。虽然已经没有人要求他加班了，他却更加努力，加班，应酬，对他来说是家常便饭。甚至，有时回到家，刚刚坐下来，公司的电话就来了，上面有很多工作需要他汇报，下面有很多工作在等待他安排。

G 无奈地说，当初觉得自己年龄大了，相亲时先生给她的感觉很可靠，所以选择了闪婚。现如今，她的婚姻就是传说中的"丧偶式婚姻"吧？有老公却经常不见人影，带孩子、照顾家庭，都是她一个人的事。

03

"和在一起的人在一起"，听起来似乎是有些文绉绉的"废话"。现实中，不管是亲子关系还是亲密关系，人在一起，心也要在一起，这是非常重要的一点。这不仅意味着需要彼此陪伴，还需要在心灵上相互了解、相互支持、相互关爱。只有这样，亲子关系、亲密关系才能发展得更加健康、积极、稳定。

这两个故事，都来自现实生活。对于 F 的姊姊来说，手机是她和儿子之间的第三者；对于 G 来说，工作是她和先生之间的第三者。

频繁使用手机，时刻离不开手机，让人与人之间的相处，都好像变得心不在焉。而我们赖以生存的工作，本来是可以提高我们生活的幸福指数的，可是，过度依赖，就增加了与家人的隔阂。

如何避免让手机和工作成为亲子之间、夫妻之间的第三者呢？

和家人一起设定一个规定的时间表，并将手机放在显眼的地方，吃饭、睡觉、学习、工作、社交时，将手机放在一边，专注于当下的活动。可以和家人一起寻找其他活动来代替使用手机，例如，一起读读书，一起锻炼身体，一起"唠唠嗑"等。让手机远离工作区域或休息区域，这样可以减少使用手机的频率，并逐渐重塑手机使用习惯。还可以使用一些监测手机使用时间的应用程序，这样可以帮助自己控制使用手机的时间和频率。

为了避免成为工作的奴隶，要制订合理的工作计划和目标，划分好工作和休闲时间，以平衡工作和生活。在工作之余，参加一些活动，与家人和朋友保持联系，这样可以避免把所有的时间都花费在工作上。学会放松和休息，不要总是处于高度紧张的状态，可以通过冥想、运动、阅读等方式来放松自己。可以多和另一半说说"废话"，增加彼此之间的情感连接。

都说陪伴是最长情的告白，可是，如果这个陪伴是敷衍的，就没有了意义。不仅是 F 的婶婶或者我的朋友 G，我们每个人，都需要心无旁骛的陪伴。

让我们和在一起的人在一起吧，让陪伴成为最美的风景，让陪伴的时光成为最暖心的记忆。

我们都是七月，我们的灵魂里都住着一个安生

电影《七月与安生》的结尾处，安生在小说的最终篇上写道："流浪的七月知道，某一天她回头的时候，踩着自己影子的人，一定就是那个已经过上幸福生活的安生。"

影片中，在小说里过上了家常日子的安生，在镜子里看着自己，里面映出的是七月的笑脸。安生笑了。

看电影的我，却泪流满面。

七月与安生，就是肆意年华里追逐梦想、追逐友情、追逐诗和远方的我们吧？

每一个从豆蔻年华走过的女子，都有过这样一个关于友情、关于梦想、关于人生的回忆。

我也不例外。

年少的时候，我最大的梦想就是有一个可以倾诉的朋友，或者得到一本钟爱已久的书。

那些梦想其实很简单，遗憾的是最简单的却是最难获得的。因为在现实生活中，要找到可以倾诉的人和钟爱的书不是一件那么容易的事情。

当然，我仍是有自己喜欢的书和朋友的。

秀丽就是其中的一个朋友。

我和秀丽的相知源于文学。那时我们所在的师范学校有两个文学社，我和秀丽分别在两个文学社担任主编。刚开始的接触都是工作性质的，虽然我们同班，却没有怎么交往过。秀丽在外人眼里是个不苟言笑的人，她走路时背是绝对笔直的，这让我觉得她非常严肃，不容易让人亲近。

记得那是一个中午休息的时候，秀丽突然拿着一首诗问我对其的理解，不太记得那个中午都说了些什么，似乎扯到了文学的创作以及对人生的感悟。不过，当我们回到原位坐下时，我们是相视而笑的。我一直相信朋友的相知是要靠缘分的，那个中午对我们来说，便是缘分。

秀丽其实是很好相处的，和她在一起不必担心和顾虑什么。我们可以赤裸裸地解剖思想，然后一起激动或沉默，高兴或忧伤。

我甚至可以看着秀丽流泪。

秀丽是很坚强的，没走近她之前很多人包括我都这么以为。但后来我不这么觉得了。当一个人要孤独地固守着一个有点自命清高的灵魂时，她只是不肯在别人面前脆弱罢了。秀丽那笔直的背，除了标榜自信，主要是为了支撑自己。

而我，是和秀丽一样自尊、敏感，又有些孤芳自赏的人。

物以类聚，更何况人呢？

师范的后两年我的日子过得不错，主要是因为有一个可以让自己随意发挥痴言诳语的文学社和一个无所不谈的朋友。

离别总是有些伤感的。毕业那天我告诫自己不许哭，因为我觉得哭太小家子气。然而，当我紧紧握住秀丽的手的时候，泪便有些情不自禁了。

之后我回到那个养我的小镇，当了一名循规蹈矩的教师。

教学之余我常翻阅喜爱的书，有时也翻秀丽的留言：

阿钰，认识了你，是我不起眼的一生中，最大最大的幸福了。

握着这支笔的时候，我的手在轻轻颤抖，我的泪在悄悄润湿眼角。阿钰，没有人懂得我为什么流泪，除了你。没有人能听得懂《失重的人》，除了你，也只能是你呵！

没有一个朋友能深深地、深深地渗入我的骨髓，除了你。

阿钰，如果说有一种友谊能影响我以后的人生的话，那也只能是我们的，只能是。

能够把文学当作生命的女孩，是你；而能够把朋友视为生命的女孩，却是遇上你以后的我。

秀丽是不善交际和应酬的，也不善于直接表达她的感情，即使她有优美的文笔。所以当班上的同学偷偷抹泪、缠缠绵绵地写留言的时候，我也不能免俗地递给秀丽我买来的留言册，对她说："想写的话，就留几句话吧。"秀丽沉默着。我们彼此都清楚地知道分别对我们来说意味着什么，只是我们都不提起。但很多时候，我们会心有灵犀地逃掉一次无所谓的会议或者聚会，然后一起静静地听歌、看书、读诗。杨松霖的《失重的人》便是我们最喜欢的一首诗。

我们都是那种想脱俗却又无法免俗的人，但我们都认为，人，无论如何，都应该为自己留一片净土。用我们的话来说，就是生活不能没有梦和爱。

后来，我离开了那个小镇，来到了离家300多公里的一线城市，扎根下来。

我曾以为秀丽就是我的七月，而我，是秀丽的安生。可是，即使生活在最年轻、最繁华的都市，我仍没有习惯泡吧，不会抽烟，更没有吉他手的陪伴。我最喜欢的是安安静静阅读，慢慢悠悠旅行，偶尔大口吃肉，大声歌唱。而我和秀丽的青春，没有苏家明，没有未婚先孕，没有死亡。有的，是一段关于爱、关于梦想的回忆。

是啊，电影终究是电影，再"狗血"的剧情，再复杂的关系，再梦幻的场景，也会有剧终人散的那一刻。而现实中的我们，毕竟要生活下去，要去爱，要去感受爱，要去体验一切微小的幸福和痛苦。

如今的我和秀丽，都早已找到了那个可以一起过踏实日子的、有好朋友来访会很积极下厨烧大虾的善良且忠厚的"老赵"。我们的联系也渐渐少了。但偶尔相聚，永远都有聊不完的话题。

或者，我们都是那个过着凡俗日子的七月吧，只是，我们的灵魂里，都住着一个渴望肆意行走的安生。

你的情感账户有盈余吗？

多年以前，我正在家中无聊地看电视节目，无意中停留在鲁豫的访谈节目上，访谈嘉宾是《色戒》《卧虎藏龙》《少年派的奇幻漂流》的导演李安，他的话给我留下了深刻的印象，他说：

"我做了父亲，做了人家的先生，并不代表我就可以很自然地得到他们的尊敬。你每天还是要来赚他们的尊敬，你要达到某一个标准，这是让我不懈怠的一个原因。"

他的话，让我想到了一个词：情感账户。

每一段感情，都有一个情感账户。它类似银行账户，记录着我们在感情互动中的"存款"和"取款"。

当你给予了陪伴、温暖、支持、鼓励和爱，你就给情感账户存入了"钱"。

当你给予的是批评、指责、冷漠和怨恨，你就从情感账户中取走了"钱"。

如果情感账户有盈余，那么这段感情即使不完美，也可以充满幸福；如果情感账户入不敷出，那么这段感情就只能苟延残喘，直至有一天亏损到再也无法经营下去。

父母和孩子之间有情感账户。

朋友小 M，是一个非常善良、聪明、上进的人。在北方长大的他毕业后来到深圳工作，后来在深圳成家，有了两个孩子。小 M 有一个非常爱自己的父亲，退休后不远千里从北方来到南方，帮忙带孩子。孩子小的时候父亲每天领着孩子去小区玩耍，等孩子大点了就每天负责接送，虽然体力和精力不如年轻人，而且生活习惯也跟年轻人不太一样，有时甚至需要他在睡眠、饮食方面做出妥协和调整，但老人毫无怨言，一带就是 10 年。

10 年后，一天父亲突然左手无力，左腿迈不开步子，送到医院，医生诊断是得了急性脑梗死。治疗后大脑出血，做了开颅手术，主治医生跟小 M 说，人不一定能抢救回来，就算能抢救回来，也会偏瘫，而且治疗时间要比较久，治疗费用比较高。

小 M 和爱人毫不犹豫地选择了抢救老父亲，在能力范围之内找到了最好的医院、最好的医生对父亲进行治疗。

他们说，虽然相处的时候也有磕磕碰碰，比如老人喜欢吃剩菜，小 M 阻止时两人甚至还吵了起来；比如老人溺爱孩子，对孩子提出的无理要求无条件满足，小 M 会进行干预，老人很生气。但父亲这些年来对他们的爱和支持，让他们决定就算卖房也要把父亲治好。

如今，在他们的坚持下，他们的老父亲已经开始有了意识、开始说话，身体在慢慢好转。

夫妻之间有情感账户。

脱口秀演员思文和程璐本是一对夫妻，他们都很优秀。思文风趣幽默，思维敏捷，对于当下的社会现象、热点话题等具有非常深入的洞察力，能够从多个角度看待问题，能够在不经意间说出令人捧腹的笑话，给观众带来很好的娱乐体验。程璐热情亲和，不仅能与观众产生良好的沟通和交流，还能够与其他演员建立良好的合作关系，在不同的情境中迅速做出反应，应对各种突发情况。看着他们两人在脱口秀舞台上都闪闪发光，作为观众的我特别期待他们的感情也可以越来越好。遗憾的是，最终两人还是选择分开。

思文后来总结离婚的原因时说，日常生活中，无论她说什么，程璐都觉得不靠谱，即使只在言语上也不能给予支持与肯定。还有，她得过"肾结石"，在她最脆弱的时刻，程璐因为工作忙，没有给予陪伴。

朋友之间有情感账户。

看《去有风的地方》这部电视剧的时候，我为许红豆和陈南星的友情深深感动。陈南星患胰腺癌走后，许红豆作为陈南星最好的朋友，她去了陈南星一直想去的有风的地方，去看云南的风景，感受云南的彩云，品尝云南的美食。许红豆实现了陈南星未完成的梦想。

就如李安导演所说的，作为丈夫、作为父亲，他要去赚妻子和孩子的尊敬。这就是往爱情账户、亲情账户"存钱"。

小 M 说，自己也有过那么一瞬间的担忧：如果花了很多的时间、精力和金钱，但人还是没有好怎么办？但是，那个念头只是一闪而过，他心里更坚定的信念是：尽一切力量救下父亲，并好好尽孝。他们的亲情账户余额充足，完全可以支持他们走过这一段艰难的路。

而思文和程璐，他们一定是有过甜蜜的时刻的，但后来情感账户的透支，让他们的婚姻没有了存在的意义。

许红豆和陈南星彼此陪伴、支持和鼓励，她们的情感账户一直在增值，即使陈南星离开，许红豆仍然可以感受到她的情谊。

不管在职场中地位有多高，在家仍旧尊重家人，为家庭付出；生活中，即使有代沟，有矛盾，但尊重对方，保持良好的沟通，给予体贴关怀；在对方需要陪伴的时候，避免缺席和冷漠，可以在身边默默守候；记住并感恩彼此的关注和支持……这些都可以让情感账户持平或者增值。

有时候，我们可能会忽视自己的情感账户，以为无论我们如何提取资金，对方都会一直"存钱"。但实际上，如果我们不平衡地取款，情感账户就会逐渐枯竭。只有当两个人都积极地"存款"，才能让情感账户保持健康和稳定。

在感情交流中，有时候我们会遇到意外的"透支"。这时，我们需要及时补上"存款"，这需要时间和努力，以重建信任，修复受损的情感账户。

同时，我们也需要学会管理自己的情感账户，要坚守底线，不让别人过度取款，学会自我保护。

最重要的是，我们要对这个情感账户负责。我们不能依赖他人来填补我们的空虚和寂寞，而是要先学会为自己"存款"，保持情感的独立性。只有这样，我们才能与别人建立真诚、健康、和谐的感情关系。

愿我们的情感账户，都有盈余。

哪些话会在夜里发光？

生活中，哪些话曾经激励过你？

那些话，是不是就像夜里迷路时前方的指引灯一样，会闪闪发光？

我相信你。

朋友聚会时，有时会听到有人吐槽自己在工作中碰到的女上司，说自己的女上司有多恐怖、多苛刻、多刻薄。每当这个时候，我都会想起她，想起那个美丽、能干、睿智的女上司。

2011 年，我要参加一个全国性的赛课，这是我担任学校中层之后第一次参加比赛，需要面对的是来自全国各地的优秀选手。学校派我参赛，一方面是希望我展示自己的实力和能力，另一方面是希望我可以成为老师们参赛的榜样。虽然赛前请过北京来的专家辅导，也试讲过几次，但因为是现场课，我既不知道学生的水平如何，也不知道课堂上会有什么突发状况，所以，虽然我表面平静，但心里一直都是有些忐忑不安的。

比赛前的那个周末，我在办公室加班，一次又一次地修改设计稿，觉得差不多可以定稿了，我给她打了一个电话，请她过来帮忙参谋一下。没过多久，她来了，在我的办公室里，一遍又一遍地仔细看我上课的设计稿，和我探讨上课可能遇到的状况及对策。快到中午时，她请我去她家吃饭，饭后又陪我去专卖店挑正装。比赛的地点在山西，学校派了几位老师一起去观摩。临行前，我说："如果比赛失败了，我会觉得很对不起你。"她温柔地注视着我，微笑着说："所有的比赛都有赢有输，我看见你的努力了，所以，输了也没有关系。更何况，我对你有信心。我相信你。"

听了她的话，我很感动，心中的忐忑稍减。

比赛很顺利，我没有辜负她。后来，由于家庭的原因，我离开了那所学校。可是，她给我的指导、支持和鼓励，我一直铭记于心。

"我相信你"，这温暖而有力的四个字，有时是对付出的赞许，有时是对能力的肯定，有时可能仅仅只是精神上的鼓励。但无论是哪一种，都能让人从心底滋生力量，生出底气。

没事，还有我呢。

老爸病重的时候，我才明白什么叫"百无一用是书生"。除了可以给老爸煲点糖水喝，其他的，像端屎接尿、按摩擦背，妹妹做得自然而且轻车熟路，而我，既觉得尴尬做不来，又笨手笨脚做不好。有一次我对老爸说："我来给你按摩吧。"老爸答应了。可没过一会儿，老爸就说，还是你妹妹来吧。

妹妹学医，毕业后分配到了我们家乡最好的医院。平时我们联系不多，偶尔通电话时却能聊上很久很久。小的时候，我们不像姐妹，更像朋友，对于仅仅大了她不到 1 周岁，她就得叫我一声"姐姐"的这个事实，她是不愿意承认的。所以，她对我直呼其名，而我，从来都只喊她那个难听的外号。

随着年龄的增长，我发现她对我的称呼居然变了，不再像以前一样直呼其名，而是改口叫了"姐"。这个称呼她好像是脱口而出的，我却至今还觉得有些别扭，可能是因为不习惯吧。

不过，这个妹妹的作用，在我们家倒真的是越来越大了。老爸病重时她刚生完二胎不久，我那个时候孩子小，而且单位的任务也特别多，根本脱不开身。她说："没事，有我呢。"一个人坐车出来照顾老爸，忙前又忙后。

后来老家重建房子，她经常有空就往家里跑，搬家，监工，所有事情都是她在忙活。我们打电话问起的时候，她只有简简单单的一句话："没事，家里有我呢。"

有段时间外婆住院，老妈要照顾发烧的孙子走不开，我又离得远，也是她和妹夫一起去看望外婆、照顾外婆。

因为家里有她，一切便觉得很踏实。

"没事，有我呢"这句话，让我看到了妹妹的担当，看到了她给予我们的深深的支持，更重要的，是这句简简单单的话阐释的家的意义：在你有需要的时候，我一直都在。

好，我过来。

一天心情不好，我突然很想找个人倾诉一下。

给文子发了个信息："晚上一起吃饭吧？带上娃，我也带。"

"好，我过来。四人行，我喜欢。你说个地点吧。"

于是，两个女人带着两个娃，丢下了老公，热火朝天地聊了一个晚上。

等到回家的时候，什么烦恼都抛到脑后了。

在深圳生活，似乎大家都很忙碌。忙工作、忙家庭、忙孩子、忙娱乐，所以，实际上可以经常相聚的朋友，还真是不多。

幸运的是，我有几个这样的朋友。

文子就是陪伴我时间最长的一个朋友。

文子是我 2004 年刚到深圳时认识的同事兼舍友。记得那个时候，我们一起追蒋雯丽、那英主演的《好想好想谈恋爱》，一起参加青年教师联谊会，一起去欢乐谷过"鬼节"。单身的日子，简单又美好。

文子大我 5 岁，很多事情她都比我们有经验，她也乐于和我们分享她的经验。所以，慢慢地，我们就成了好朋友。

2006 年我们一起参加深圳市教师编制的转正考试，当时我们几个走得近的朋友中只有我通过了笔试，是她和双陪我练习说课说到晚上 12 点，并且由衷地为我考取了编制而高兴。

我坐月子时，家里老人和月嫂闹得不愉快，也严重影响了我的状态。我打电话给文子，告诉她我心情不好，想找人说说话。她马上回复："好，我过来。"于是，她和芳过来陪我聊了整整一天，解开了我这个新手妈妈的很多谜团。

我换单位后需要换房子，她自己手头没有钱，于是把自己表弟补发的 20 多万元房补全部借来，然后转借给了我。

2015 年我要出版一本书，也是她一句话"好，我过来"，在我的书房不厌其烦地一遍又一遍帮我做着烦琐的校对工作……

"好，我过来"就是文子和我之间十多年来彼此陪伴时最朴实、最贴心的承诺。

因为有文子这样的朋友，让我知道，当我成功、快乐时，有朋友会为我高兴、骄傲；而当我失败、难过时，有朋友会为我着急、担忧。

这样的感觉，真的很温暖。

都说"良言一句三冬暖"，在我们迷茫的时候，困难的时候，脆弱的时候，那些表达了理解和同情的话，那些给予了肯定和赞美的话，那些激发他人信心的话，那些表示关心的话，即使只是短短几个字，也代表着尊重和接纳，也让我们看到了鼓励和欣赏，就像走夜路的人看到了指引灯，除了欢喜，还有一份深深的感激。而能够在别人难过的时候给予暖心安慰的人，在别人迷茫的时候可以指点迷津的人，在别人即将放弃的时候给予帮助的人，是亲人，是高人，更是贵人。

人生的路很长，家人、同事、朋友，大家互相搀扶着往前走，就看到了更多的阳光，就收获了更多的成果。愿我们在需要的时候，有人伸过他（她）的双手；有人站在我们的身后；有人给我们一句朴实的承诺，让我们知道自己不孤单，让我们有更多的爱和勇气，笑着走下去。

嫁给什么样的男人不后悔？

01

2020 年，我跟着先生回他的老家山东过年。那时候，武汉市内新冠病毒传播正盛，因为高铁途经武汉，回到深圳后，按照社区的要求，我们需要在家待 14 天。

因为隔离，我们每天都是吃吃吃，睡睡睡。有一天早上起来，阿姨已经准备好早餐了。可是，我突然很想吃家乡美食，看到厨房里有大舅年前送的一罐酒糟，在厨房闲逛的我对着卧室大喊："老公，给我煮酒糟鸡蛋。"还在床上刷手机的先生乖乖起床，来到厨房，系上围裙，没有几分钟，就从厨房端出一碗酒糟鸡蛋，然后有点嘚瑟地对我说："吃吧，馋猫，就当是我送给你的情人节礼物了。"

"啊？今天是情人节啊？不是吧，这就是礼物啊？"

"我刚刚还下单买了很多你喜欢吃的菜，中午我亲自下厨做给你吃啊。"先生赶紧补充道。

白了他一眼，我安慰自己：好吧，结婚十一年，还有菜做礼物，也不错嘛。

02

2014 年我换单位。

我们商量了住的问题。

先生说："反正我上班时间比较晚，早上不用赶时间。所以，你在哪里上班，房子就买在哪里。很多人都会算经济成本，可他们不知道，时间成本更重要。"

刚开始的时候，我不同意买房，我对先生说："先租房吧，等熟悉了环境再买房。"

是先生的一句话说服了我："现在两三百万的房子，我们咬咬牙还是买得起的，等涨到五六百万或者七八百万，对我们来说就很有压力了。"

于是，我们迅速选定房子，并且很快就办完购房手续。买下房子后，深圳的房价一路飙升，还真是如他所说，如果我们晚一点再买，就有困难了。

签合同的时候，他说："就写你一个人的名字吧。"我说不行，他说："这样办手续更方便，不用什么时候都得两个人拿着证件跑来跑去。"在我的一再坚持下，房子才写了我们两个人的名字。

帮我们办理过户手续的中介是个年轻的小伙子，他说："奇怪，人家都是一方吵着另一方一定要加上自己的名字，你们争吵的内容跟别人是相反的。"

听了小伙子的话，我们都笑了。

03

2017 年先生过生日的时候，我给他订了一辆汽车模型的生日蛋糕，告诉他："等着哈，我很快就送你一辆真的。"

家里的车已经开了快 10 年了。当初买的时候，先生本来看中的是另一款，可是，当时我们手上的积蓄不多，我不赞成他贷款买车，也觉得豪车代步有点过于张扬了，于是，我振振有词："汽车是消费品，买下来的那一刻就贬值了。我们需要满足的是代步需求，不是满足自己的虚荣心。"

然后，作为爱车狂魔的先生就放弃了那款他喜爱的汽车，而是选了另一款性能好又价格实惠的小轿车。

但我知道，他一直想要拥有一辆自己的爱车，从他一有时间就泡在"某车之家"，路上见到自己喜欢的车就不停向我介绍，和朋友聊天聊到喜欢的车侃侃而谈大半天的这些行为就能看出来。

但承诺"送车"这件事没过多久，我去学价值投资，把家里仅有的一点积蓄全扔进去了，至今我们还没有换车。

我心里有些过意不去，就跟他说："再等等啊，很快就能换车啦，到时候，随便你选哪一款，不用给家里省钱啊。"

这回轮到他安慰我："汽车就是一个消费品。其实开哪一款车都是差不多的，你看，我们家的车，被我保养得那么好，外表还是如此崭新，性能还是如此强大，先不换了吧。"

04

从山东回深圳的时候，家里人除了给我们准备了口罩，还给我们准备了隔离衣、隔离帽、隔离手套、隔离脚套。

姐夫把我们送到高铁站。下了车，先生就把这些装备从包里一一拿出来，让我们全部穿上。看到其他乘客都只是戴个口罩而已，我对他说："这也太夸张了吧？有必要吗？"

"有必要，穿上。"

我只好带着两个孩子乖乖地穿好。穿完之后，我觉得我们几个像行走的粽子。有些搞怪，还有些尴尬。

过安检的时候，工作人员问我们："这套设备好齐全啊，请问哪里可以买到？"

大宝听了哈哈大笑，还得意地在现场摆了个酷酷的姿势，让我们给她拍照留念。

好吧，我经常觉得部队出身的先生做什么事情都一板一眼的，啥事都小题大做，任何时候都强调"安全大过天"。但这一次，我想，他做对了。因为特殊时期再怎么保护自己都不为过啊。或者，他平时做的也是对的，只是我嫌烦琐，不愿意承认而已。

05

抗疫期间，我在网上看到了两个段子：一个预测 2020 年 11 月将迎来一次生育小高峰，因为隔离期间夫妻之间太恩爱了，呼吁相关部门提前做好准备；另一个则预测 2021 年 3 月和 4 月将成为全年离婚高峰期，因为两个已经不再相爱的男女待在一起生活那么多天，仇人相见，分外眼红，所有的矛盾都会集中爆发。

不过，像我和先生这样的多年夫妻，没有继续要娃的打算，倒也没有活成仇人。

平时我们也吵架，我经常嫌弃他：做事情一板一眼不懂灵活变通啦，平时读书太少啦，刷手机时间太多啦，对孩子要求太严格啦，等等。

他也一样对我有看不顺眼的时候：不懂整理收纳啦，丢三落四啦，做事不会提前做规划啦。

总之，为观念不合吵，为孩子的教育吵，前几天还因为什么东西该扔什么东西不该扔这样鸡毛蒜皮的小事吵。

有一次，我看到这么一句话："再恩爱的夫妻，一生中都有 100 次想要离婚的念头，和 99 次想要掐死对方的念头。"我觉得很有感触，于是跟先生分享，并且开玩笑地说："100 次？99 次？想要跟你离婚的念头和想要掐死你的念头太多了，现在次数已经不够用了，我要跟楼上的李老师借一下次数。"这家伙听了只知道乐呵呵地傻笑。

　　话虽然这样说，但是，一个愿意为了我做家常菜的男人，一个在利益面前不计较的男人，一个在生活中随便我怎么折腾但是仍然给予我无限包容和鼓励的男人，一个为了家人的安全事无巨细安排的男人，还是非常可爱、值得信赖、嫁了也不后悔的。

第四部分

家庭认知与角色转变

不完美的妈妈，也是好妈妈吗？

我家大宝东东出生后，因为担心自己带不好孩子，我读了很多的育儿书，还报了很多的家长课程，希望通过学习让自己成为一个合格的妈妈，也希望她能成为一个幸运的孩子。因为个体心理学创始人阿德勒说："幸运的人一生都被童年治愈，不幸的人一生都在治愈童年。"

可是，做教师需要有教师资格证，当医生需要有执业医师资格证，做律师需要律师执业证……从事各种职业，都需要经过专业的培训，只有当父母，没有经过任何培训我们就上岗了。所以，很多新手父母有的焦虑、忐忑和困惑，我都有。

有朋友问我：你读了那么多育儿书，听了那么多家长课，那对你当妈妈有什么帮助吗？我笑了笑说，当然有。

"错误目的"和"有限选择"

平时，5 岁的东东早上起床都跟着我一起洗漱，一天早上，她起床后却大声地喊起来："我不要刷牙，我不要洗脸！"

因为早上的时间特别赶，我需要 8:00 前赶到单位带领学生早读，所以，当我听到孩子这样的喊叫时，最初的感觉是心烦。当我正要爆发的时候，突然想起我之前学了"错误目的表"。错误目的表是正面管教的一个重要工具，它就像一个指南，帮助家长辨别孩子行为背后的错误目的，从而采取有效的措施。根据错误目的表第一列的内容，我猜测孩子的目的很可能是寻求过度关注。

于是，我蹲下身来看着孩子，耐心地跟孩子沟通：

"宝贝，你为什么不要刷牙，不要洗脸呢？"

"因为我要妈妈陪我玩，你昨天都没有陪我玩。"

"对不起，宝贝，昨晚妈妈工作太忙了，妈妈今天下午一定陪你玩，好吗？妈妈注意到，你今天早上准时起床了，现在妈妈陪着你去刷牙、洗脸好不好？"

"不好，我要妈妈陪我玩。"

"好，妈妈下午下班了一定陪你玩。现在，妈妈陪你去刷牙、洗脸。我们是像小兔子一样跳到洗手间去呢？还是像大象一样重重地走到洗手间？你来决定。"

"像小兔子一样跳过去。"

说完，她就像一只小兔子一样高高兴兴地跳到了洗手间，开始刷牙、洗脸。

这是我跟你分享的一个小方法，叫有限选择。当要求孩子做某件事情或者需要孩子配合完成某个任务的时候，可以使用这个方法。有限选择就是给到孩子两个感兴趣的选项，让孩子自己做决定，去有效地化解权力之争，增加孩子的自主感。

"认同感受"与"鼓励孩子"

带着孩子来到"华语杯"全国青少年语言艺术比赛现场，准备上场时，东东紧紧地抓住我的手，一直不肯松开。我任由她抓着，因为我知道她紧张了。我想起之前学过的一招："认同感受"，即允许孩子有自己的感受并认同孩子的感受。于是我对她说："你知道吗？妈妈刚开始上台讲课的时候，也特别害怕。"

"是吗？"她问。

"是啊，别看妈妈在台上讲得很流畅，其实我也挺紧张的，有时讲完都不记得自己讲了什么了。"

"真的啊？"

"当然是真的。后来，我上台前就尝试着深呼吸，就像这样——"

我做了一个深呼吸的动作，同时轻轻地收回她抓着的手。

"你现在感觉好点了吗？"

东东也学着我的样子，深吸一口气，然后慢慢吐出来，并朝我点点头。

过了一小会儿，我又说："还记得我给你看过的樊登老师讲的《高能量姿势》中那个女超人的动作吗？咱们要不要做一个？"

她笑了，然后真的就做了一个女超人叉腰的动作。

"现在，是不是感觉又好了一点？"

东东又轻轻地点点头，笑容也慢慢回到了她的脸上。

没过多久，轮到东东上台了。那天上午，她在台上表现得自信又得体。回家的路上，她跟我们分享了她上台的感受和收获，笑容一直骄傲地挂在脸上。

很多人看到"女超人叉腰"动作能让孩子状态变好可能会觉得奇怪，其实，这是《高能量姿势》这本书中提到的方法：身体的姿势会影响情绪，人们可以通过改变身体的姿势进而影响大脑。而高能量姿势，就是指当人们面对压力时，不妨有意识地让身体慢慢舒展、外扩，这样可以帮助我们缓解焦虑。

都说"自信来自成功的体验"。一件事情，如果孩子愿意做，能做到，能做好，就可以让孩子产生自信。鼓励孩子"做到""做好"的方式有很多，认同孩子的感受，引导孩子通过深呼吸、摆出高能量姿势等方式调节自己，能帮助孩子找到好的状态。

"控制行为"和"修复错误"

东东连续几天眼睛不舒服，胃口也不好。这天吃完早餐，我在写文章，爸爸准备给东东滴眼药水。不一会儿，就听见房间里传来了父女俩的对话：

"我要妈妈帮我滴。"

"爸爸滴有什么不一样吗？"

"就是不一样！"

"谁滴都一样，马上乖乖躺好！"

"就不！"

"来不来？"

然后我就听到了东东的哭声。东东一边哭一边向我跑来。我正想着怎样安慰一下她，就听到"哇"的一声，东东把早餐大口大口地吐了出来。

想着她好不容易今天早上才多吃了点东西，结果又吐了，我的情绪瞬间爆发了。我朝着东东吼道："哭什么哭？滴个眼药水而已，至于闹成这样吗？马上回房间滴眼药水！"

东东很委屈地转过身走向房间。看着她的身影，我的脑海里冒出了家长课上学到的一句话：孩子最不可爱的时候，就是孩子最需要爱的时候。东东跑向我是想得到安抚的，结果却看到了妈妈如此狰狞的面孔。

想到这里，我赶紧跟着走进房间，对东东说："宝贝，妈妈刚才对你大声吼叫了，对不起。我需要一个拥抱，如果你愿意原谅我，等你准备好了可以告诉我吗？"

孩子真的是非常宽容的，虽然眼里、脸上还满是泪水，可她马上就咧开了嘴并向我张开了双手。

有一句话是这样说的：我们如何对待错误，比犯错误本身更重要。当我们犯错的时候，要先冷静下来，然后进行"修复错误三部曲"中的第一步：承认错误；第二步，承认错误之后进行道歉，表示希望与对方和好；第三步才是解决问题，共同寻找相互尊重的解决办法。

　　我常常会和朋友们分享我从书中及家长课中学到的理念和工具。有的时候，我可以用这些工具帮助我的孩子和其他的父母、孩子，即使有的时候我也做得不尽如人意。我知道自己并不是一个完美的妈妈。不过，欣慰的是，在东东的心目中，我是一个真实的、懂她的好妈妈。

　　杰出的心理学家、教育家简·尼尔森博士在深圳的大型公益讲座上讲过这样一段话："你们学了很多课程，掌握了不少教育的方法，但是如果你只把它当作一个技巧来用，想去控制孩子的话，那是不会有用的。你需要做的是理解这个工具背后的核心理念，内化它，并用你自己的智慧去使用它。我所分享的也是同样的道理，请不要把这些方法只是当作一个技巧来用，而是用你的智慧去使用它。"

　　在教育孩子的过程中，你会什么样的教育方法不重要，你是什么样的父母才最重要。因为，没有任何一种方法可以解决所有的问题，也没有一种方法任何时候都有用。这就是我们要带着不完美的勇气持续学习、努力成长、完善自身的原因。

为什么越有智慧的父母越"拙"？

01

好友阿雯给我讲过她和女儿豆豆之间发生的一件事。

豆豆读初三的时候，有一天突然跟她说："我要去韩国当练习生。"

练习生是娱乐圈里对正在培养中的新人的一种称呼。培养练习生，是当下演艺公司挖掘新艺人的一种模式。要去韩国当练习生，得面对巨大的文化差异，同时生活适应方面、学业压力方面，以及心理健康方面都要面临很大的挑战。

乍一听到这个消息，她非常震惊，完全不能理解豆豆为什么会有这样的想法。

她内心非常着急。第一反应是：这是一个正常的初中生该干的事吗？娱乐圈？练习生？女团？

这样的想法对于一个成绩还不错的初中生来说，会不会是自毁前程呢？这孩子，就不能让父母省点心吗？还有几个月就要中考了啊！

可转念一想，青春期的孩子，父母的反对有用吗？

于是，她收敛起自己的不快，问："为什么？"

"反正我以后也要当明星的嘛，与其以后在国内参加艺考，不如现在直接报名成为练习生，毕业以后出道不是一样吗？而且，我还了解到……"

听豆豆介绍完她了解的情况，阿雯说："好吧。不过，关于练习生的招考条件和注意事项，妈妈一概不懂。"

"那有什么关系？我可以自己再去好好了解一下。"

"那既然你想做，妈妈支持你。不过，我们家的银行存折上只有 10 万元的积蓄，你看一下该怎么支配，你来安排。"

听阿雯这么说，豆豆很开心地离开了。

两周之后，豆豆吃饭的时候突然说："妈妈，我还是不去做练习生了吧。"

"哦，为什么改变主意了？"

"我了解了一下，做练习生没有我想象中那么容易，除了申请流程非常烦琐，费用还特别高，我还是乖乖读书，参加中考吧。"

那一年中考，豆豆超常发挥，进入了深圳名校就读，让阿雯终于松了一口气。

后来有父母问阿雯怎么跟青春期的孩子相处，阿雯每次都会跟他们说，跟孩子相处时反应要慢一点，表现得"拙"一点。

因为用这样的方式跟女儿相处，阿雯和豆豆之间的摩擦越来越少，豆豆顺利度过了青春期，阿雯自己的状态也越来越好。

02

表哥曾经跟我讲过一个发生在他儿子身上的故事。

上中学后的儿子突然收到一封所谓的"情书"。儿子有些为难，就跟爸爸讨教。

表哥说："爸爸年少时没有我儿子的魅力啊，我也不知道该怎么办，你是第一次收到情书，爸爸是第一次做爸爸，我也是第一次遇到这样的事情，你觉得该怎么办好呢？"

后来，儿子自己想了好几个应对的策略，深思熟虑后选了其中一个。

他以爸爸的口吻用手机给女孩回复了一条信息，告诉女孩，听儿子说过班上有这么优秀的女孩，也无意中看到了女孩给儿子的来信，但学生这时候应该以学习为重，愿女孩努力学习，以后有缘分希望在儿子就读的大学里见到女孩。

听儿子说，女孩没有回复信息，也没有再给他写过"情书"，而是开始默默努力学习了。

表哥说，对待孩子青春期的考验，他的表现很"拙"。毕竟，孩子成长中会遇到各种各样的挑战，帮得了一次，帮不了一生。

表哥还说，要培养孩子遇到问题自己解决的能力，其实孩子比你想象中更有能力，如果不是自己放手，根本不敢想象十几岁的男孩处理事情可以这样周密，考虑可以这么长远。

03

不知道你有没有发现，生活中，很多有智慧的爸爸妈妈看上去反倒很"拙"。

他们尊重孩子的选择，尊重孩子的话语权，和孩子发生冲突时，尽量退让。

我曾经觉得非常疑惑，后来发现这才是做父母的智慧，反映的是为人父母的境界。

境界越低，越是焦虑，越容易生气，因为他们重视自己的感受、面子；境界越高，越是可以不看面子，看到里子。

孩子考得不好了，于是大骂孩子一顿，其实是你用愤怒掩盖了孩子和你自己之前偷下的懒。

孩子没有考好可能是学习基础太差了，也可能是没有掌握学习方法，还可能是题目太难了。冲孩子发火，其实是让孩子觉得自己"糟上加糟"。到最后，他可能还是考不好，而且还破罐子破摔。

这只是陪伴孩子成长中的一个很小的例子而已。现实中，很多大事都是孩子年幼时没有引导好造成的。

这时候"拙"一点，对孩子表示感同身受，告诉孩子其实自己也会遇到困难和挫折，也会感到难过和挫败。同时，尊重孩子的现状，一起"头脑风暴"想想怎么解决考不好的问题，说不定孩子会开始一点一点进步。

04

这里的"拙"，其实是以退为进。能够在孩子面前显"拙"，也代表父母内心真正强大。内心越是强大的父母，越懂得掌控自己的情绪，会适时向孩子示弱。

有时候，父母的年龄、经历、职位会给我们错觉，让我们误以为自己真的比孩子懂得多。而大部分的父母，也认为自己比孩子强，孩子就该听自己的话，觉得这是理所当然的。

其实父母也很渺小，我们不知道孩子将来要面对的是什么样的世界，也不知道我们今天所做的一切能不能帮到孩子。

阿雯敢在孩子面前显"拙"，其实是因为她从豆豆的言谈中看出了豆豆并没有真正了解练习生要做什么，需要准备什么。

表哥的"拙"，是因为他平时跟孩子就有很好的感情基础和沟通基础，他了解和信任自己孩子的能力。

所以，"拙"不是毫无原则地纵容孩子，不是一厢情愿地讨好孩子，而是让孩子独立面对自己遇到的问题，并绞尽脑汁地解决它，更加健康快乐地成长。

毕竟，我们都会老去，也有真的"拙"到孩子完全不需要我们的那一天。

孩子需要什么样的父母？

当父母的，有时候会聊起希望养育出什么样的孩子。有人说乖巧可爱的，有人说聪明伶俐的，有人说独立自主的……

但我们好像没有问过孩子：你希望你的父母是怎么样的？你需要什么样的父母？

我猜，可能很多孩子都会说：我需要这样的父母——

懂得陪伴

我家大宝东东小时候喜欢听故事，我们的特殊时光就是爸爸妈妈给她讲故事，每天晚上睡前讲 10 分钟。

什么是特殊时光呢？就是专属于我们的时光。在这段时间里，大人要放下手机和其他事情，一心一意地陪伴孩子。

而且，陪伴的时候玩什么，做什么，一般由孩子来决定，当然，可以征求大人的意见，可以列出一个大家都喜欢的活动清单。

有的时候，我正在工作，东东会过来找我讲故事。我会放下自己手上的事情，认真给她读一个故事，之后，她就开开心心地自己玩去了。如果我实在着急把事情赶完，就会告诉她："等妈妈忙完，到我们的特殊时光，我就给你读故事。我现在需要你的理解和帮助，你先自己去玩，好吗？"大部分时候，东东也会表示理解。

现实生活中，很多家长宁愿把时间花在刷手机上，也不愿意拿出几分钟或者几十分钟陪伴孩子。其实，每个孩子的陪伴需求不一样，高需求的孩子，可能要求父母陪伴的时间长一些，而一般的孩子，可能有一定的陪伴就满足了，大家可以根据自己孩子的需求来决定陪伴时间的长短。关键点是，孩子是否感到他们是重要的？在家长的心目中，他（她）是否比任何事情都重要？

陪伴孩子是非常重要和有意义的事情，父母可以与孩子一起进行其感兴趣的活动，如阅读、绘画、玩游戏等，给予孩子充分的倾听和关注，鼓励他们分享自己的想法、感受和问题；建立开放的沟通渠道，让他们感到被理解和支持；参与孩子的日常活动，如一起做饭、做家务、看电视等。

善于鼓励

有一次，快下大雨了，我赶紧去阳台收衣服，东东也马上过来帮忙。

东东学着我的样子，先把衣服放到客厅的沙发上，然后一件一件叠整齐，同时，找出只适合挂、不适合叠的衣服，比如衬衫、连衣裙，把这些衣服连着衣架一起挂到衣柜里。终于，下雨之前，我们合作着把所有的衣服都收好、叠好、挂好了。

我对东东说："东东，谢谢你帮忙把衣服拿回房间，谢谢你帮忙叠衣服。"

东东高兴地笑了，骄傲地回答我："妈妈，不用谢！"

出去购物或者吃饭时，我们经常让东东帮忙向服务人员咨询一些问题，或者让她帮忙买单。刚开始的时候，东东总是说："爸爸，我怕。""妈妈，我不敢。"我们就鼓励她："爸爸妈妈看到东东跟熟悉的叔叔阿姨打招呼时声音越来越响亮了，笑容也很甜哦，我们试试用这种方式把钱给那个收银的阿姨好不好？"在我们的鼓励下，东东尝试做的事情越来越多了，比如过年时自己摆摊卖红包，比如自己坐公共汽车回家等。

著名儿童心理学家鲁道夫·德雷克斯说："孩子需要鼓励，就像植物需要水。"

孩子年龄小的时候，很多事情一开始其实都是做不好的，这主要是因为孩子的精细操作能力和抽象思维能力还没有发展起来。做父母的，是一点一点训练孩子，鼓励他（她）掌握各项生活技能，还是直接替孩子完成，然后责怪孩子做不到呢？

其实，一个行为不当的孩子是一个丧失信心的孩子。当孩子感受到鼓励时，孩子更愿意去尝试，失败了也不怕继续挑战。

纠错谁不会呢？难的是发现孩子的闪光点。而做父母的人，要锻

炼自己发现孩子闪光点的能力。只有这样，孩子才可以在你这里感受
到更多的正能量。

就算是年龄大一些的孩子，很多事情都可以做好的孩子，也是
需要父母的鼓励的，在父母的鼓励中，孩子可以感受到父母更多的
爱意。

允许犯错

东东很早开始练习吃饭，当然，经常会把饭弄得到处都是。每当
这个时候，我们都会问她："这些掉出来的饭粒怎么办呢？"她想了
想，从纸巾盒里抽出纸巾来自己清理。

随着东东年龄的增长，她的自我意识也越来越强。有时候，我
们对她说话的声音大了，或者语气重了，她会大声地回应我们。当我
们对她说："注意一点，你这样对我们说话是不尊重！"她也会马上
顶嘴："你们都对我不尊重，我为什么要对你们尊重？"觉察到自己
的确是语气太重了，我就会跟她说："好，妈妈刚才对你不尊重，
我现在注意一点，好吗？"小家伙也会马上回应："好，我也注意
一点。"

陪伴孩子成长的过程中，我经常会犯这样或者那样的错误，比如
一着急就容易发火。既然大人都会犯错，更何况孩子呢？所以，允许
孩子犯错，并且愿意尊重孩子，让孩子有机会纠正错误，并对孩子的
错误加以引导，是父母要掌握的一种本领。

我们常常会以为，自己做了父母，就懂的比孩子多。其实，事实
并非如此。在孩子的成长过程中，父母可能需要面对很多的问题和挑

战。因此，父母需要保持开放的心态，了解孩子的需求，倾听孩子的声音，尊重孩子的选择。同时，父母也需要不断学习和探索，不断提高自己的教育水平，丰富自己的育儿经验，才能更好地帮助孩子成长和发展，才能成为孩子需要的父母。

我们可以做 60 分的父母吗？

东东 4 岁的时候学会了数数，当她可以数到 100 的时候，她以为 100 就是世界上最大的数了。

有一天晚上，我陪她睡觉，她说："妈妈，我有 100 爱你。"

"哦？"我有些疑惑。

"我说，我有 100 爱你。"

我哑然失笑，同时也对孩子给的"100"充满了无限的感激。其实，作为一个既想要事业又想要家庭的女性，工作日我是无暇顾及孩子的，但休息时间，我会尽量安排自己给孩子多一些高质量的陪伴。当然，对比一些对自己要求高，所以付出特别多的妈妈，我是非常惭愧的。我对自己的要求是，认真学习怎么做妈妈，不过，也不苛求自己一定要做到最好。我只要 60 分就够了。

和善与坚定并行

东东喜欢看动画片，我们也没有禁止她，只是和她做了一个约定：一天只能看一集。

有的时候，看完了一集《海底小纵队》或者《汪汪队大冒险》，她会吵着"我还要看""我还要再看一集"。这个时候，我都会温柔而坚定地告诉她："我知道你真的很想继续看电视，但是，我们的约定是什么？"

这个时候，东东就会有些不甘心但又无可奈何地回答："一天只能看一集。"

"为什么一天只能看一集呢？东东还记得吗？"我继续追问道。

"因为我们要爱护自己的眼睛，不能看太长时间的电视。"东东认真地回答。

"是的，东东已经知道了看电视不能看太久的原因。"

"我真的不能再看了，是吗？"小家伙还是有点不死心。

"是的，妈妈爱你，但答案是：不可以。"

这个时候，有时她会继续哭闹，而我会继续重复刚才那句话。直到她知道，这是我们的约定，妈妈会和善而坚定地执行。

有的时候，我也会心软，也会觉得"让孩子多看一会儿电视又怎么样"，只要孩子开心就行。但更多的时候，我知道，很多小事，如果父母没有原则，没有底线，孩子可能就会得寸进尺，最后养成了很多不良的习惯。

所以，我给出的方法就是：提前和孩子约定，然后，根据约定坚定地执行，但是，态度可以温和一些，语气可以温柔一些。

避免娇纵

东东两岁之前，我们照顾得比较细致，两岁半之后，考虑到她快要上幼儿园了，所以，我们开始有意识地训练她的生活技能。就拿穿衣服来说，开始的时候，她穿得特别困难，也有几次，无论如何也穿不上去，大哭着说"不穿了""我不穿了"。看见她哭的时候，我和东东爸爸也很心疼，也想过：算了，反正如果不会穿衣服，老师也会帮忙的。但是，我们也知道，这些都是她一定要掌握的生活技能，所以，我们没有放弃，还是一次次把衣服递给她。慢慢地，她会穿裤子了；慢慢地，她会穿上衣了；慢慢地，她可以穿外套了。

东东顺利进了幼儿园。小班的时候，东东所在的班级举行穿衣服比赛。从老师拍下来的视频看，她穿得挺利索的。要知道，她是暑假出生的，3岁多一点就上学了，比班上一些孩子小了将近一岁呢。

那天回来，东东一见到我，就迫不及待地、得意地跟我分享："妈妈，我穿衣服比赛拿了第一名。"其实老师早就告诉我们了，这个活动不是为了排名，也没有排名，是学校为了督促家长在家训练孩子的生活技能而开展的。而她自己，对第一名并没有多强的概念。可是，从东东的表情和言语中，我们知道她有了能力感，她很骄傲。

和动物相比，婴儿、幼儿真的非常弱小，很多事情都无法自己完成。当然，不能因为无法完成，我们做父母的就娇纵孩子、替孩子完成，我们能做的，是一点一点训练，再一点一点放手。

纠正前先沟通

有一段时间，东东生气的时候喜欢打人，有的时候发脾气，一只小手直接就拍到了我们的身上。虽然力气不大，但也让我们很不舒服。有一次，当她的小手拍到我的身上时，我握住她的手，告诉她："妈妈痛，虽然妈妈很爱你，可是你不可以打妈妈。"她愣了一下，抽出手又要拍，我继续握住她的手，说："妈妈爱你，但是，你不可以打妈妈。"

等她冷静下来之后，我们一起头脑风暴，找到了一个互相尊重的办法，那就是，如果她真的特别生气，她可以通过拍打客厅的沙发发泄一下。

我见过一些家长，在孩子小的时候，孩子打自己或者打其他家人，他们都觉得非常好玩，有时甚至哈哈大笑。从大人的反应中，孩子无法判断自己打人这个行为是不对的，有的时候可能还会以为这个动作很好玩，可以让大家发笑。所以，孩子会持续这个行为。

但当孩子到了外面和别的孩子相处时，遇到问题也用打人这个方式解决，就会惹出很多麻烦。这个时候孩子就会困惑了：到底可不可以打人？

其实，我们大人都知道，打人肯定是不对的，所以，当孩子有这样的行为的时候，我们要第一时间纠正孩子的错误。当然，纠正错误前可以先跟孩子沟通，告诉孩子，父母是爱他（她）的，但他（她）的这个行为不对，所以，不可以再做。

我一直都认为，虽然爱孩子是父母的本能，但是做父母也是需要学习的，我们需要学习如何与孩子沟通，了解孩子的需求，更好地帮助孩子成长，以及教会孩子面对生活中的各种挑战。

但作为父母，我们还有自己的工作，有自己的朋友，有自己的娱乐，如果过度付出，我们可能会忍不住产生强烈的牺牲感，也会对孩子产生更高的要求，因此，我们可以只要求自己做合格的父母，只要60分就行，剩下的40分，留给自己，让自己可以休息、旅行、学习、成长。

"情绪小怪兽"来了怎么办？

不管是作为妈妈还是作为老师，我都遇到过孩子情绪崩溃的情况，这个时候，是跟着孩子一起陷入情绪混乱之中，还是引导孩子认识情绪、看见情绪、表达情绪、处理情绪，与"情绪小怪兽"和平相处呢？

01

有个周末，东东邀请了几个好朋友到我们家聚会，她好朋友的爸爸妈妈也来了。

大人们聊天，玩"狼人杀"的游戏；小朋友们学叠纸飞机，看电影，大家在一起玩得很开心。但就在晚上他们准备回去的时候，东东和她最好的朋友纤纤因为争夺一个玩具闹起矛盾来了，两个人都号啕大哭地从房间里跑出来找爸爸妈妈，安抚了好一会儿也无济于事。看到两个孩子都哭得上气不接下气，我想起正面管教课堂上导师提到的"当孩子很沮丧时，不要试图解决问题"。于是，等聚会结束纤纤走后，也等东东哭够了，"情绪小怪兽"已经离开了，"情绪小精灵"开始工作的时候，才向她了解事情发生的经过。了解完事情的经过，我们再一起分析她和纤纤发生矛盾的原因，并商讨下一次怎样避免发生这样的事情。

这个"情绪小精灵"指的是我们的正面情绪，比如开心、平静等，"情绪小怪兽"指的是我们的负面情绪，比如沮丧、愤怒、恐惧等。这是我们和东东平时给正面情绪和负面情绪取的名字。

平时，我们教东东了解"掌中大脑"。"掌中大脑"是丹尼尔·西格尔博士的研究成果，最早发表在他的著作《由内而外的教养：做好父母，从接纳自己开始》，同时也被收录在正面养育52张工具卡中。我们可以通过"掌中大脑"的比喻，帮助家长或孩子知道大脑与情绪的关系。发脾气的时候"大脑盖子"就打开了。"大脑盖子"打开时，我们的前额叶皮质就不工作了，这就意味着我们无法理性地思考或行动，这不是一个解决问题的好时机。不管是孩子还是父母，我们在一方或者双方有情绪的时候，都是没有办法解决问题的，所以，我们要耐心地等待孩子度过冷静期，等"大脑盖子"合上，恢复理智，再去解决问题或者处理矛盾。

02

端午节的时候，爸爸去香港采购物品了，东东几乎一整天都黏着我，缠着我讲了一个又一个的故事。快到晚上 9 点的时候，我已经非常累了，东东又拿了本书过来："妈妈，讲故事。"我说："妈妈累了，你先去洗澡吧，洗完澡妈妈再给你讲。""不，我就不，我要现在讲。""等你洗完澡再讲。""不！""你听到了吗？等你洗完澡再讲。""就不，我要现在讲。"一瞬间，我的"大脑盖子"打开了，情绪脑占了上风，完全忘记理智脑这回事，我把东东的书拿起来一扔，冲着她大声说："不讲故事了，你听到了吗？马上去洗澡。"看见我生气了，东东又是难过又是委屈，她抽抽搭搭地说："下次我生气了也扔掉你的书！"然后，她就去洗澡了。

从浴室回来的时候，东东开开心心地喊道："妈妈，我洗完澡啦。"看着小家伙天真无邪的小脸，想起我刚刚粗暴的举止，我觉得很内疚：榜样是最好的老师，可我做了什么榜样啊？大脑盖子打开了，不是有之前约定的预警吗？等东东穿好衣服，我用力抱了抱她，对她说："对不起，东东，妈妈刚才大脑盖子打开了，对你做出了不尊重的行为，你能原谅妈妈吗？"东东大度地回应："能啊，妈妈，我已经不生你的气了。"我又是感动又是难过："下次妈妈觉得累或者烦的时候，我就按我们之前的约定告诉你，说我身体里的情绪小怪兽快出来了，我们先暂时分开一下，等妈妈的情绪小天使回来了我们再在一起，好吗？""好的。"

榜样是最好的老师。当成人都无法控制自己的行为时，我们怎么能强求孩子能控制他们的行为呢？所以，和孩子约定"情绪小怪兽"出来时的处置办法，或者创建属于自己的特别暂停区，可以帮助我们约束自己的行为。

03

东东参加了"谁是棋王"围棋争霸赛，成绩出来了，排名女子组第二。爸爸带她去领奖回来后，她却哭得很厉害。我问她怎么了，她哭得更凶了，边哭边说："我要奖杯！我想要奖杯！"爸爸告诉我，第一名的获得者有奖杯，第二名只有奖牌，东东没有拿到漂亮的奖杯，很难过。知道了缘由，我抱着她说："没有拿到第一名，没有得到漂亮的奖杯，你很难过是不是？"东东点点头说："是的，我想要奖杯！我要回去拿奖杯！""妈妈知道，今天的你已经发挥得特别棒了，但是我们确实是没有奖杯。不过，妈妈知道你真的很伤心，你哭一会儿吧。"我告诉她事实，同时也对她表示理解。于是，她在车上足足哭了好几分钟。等到下车的时候，情绪已经平复了。

成人要允许孩子有自己的感受，这样孩子才能了解他们有能力处理什么样的问题。不要修复、解救或试图说服孩子放弃感受。认同孩子的感受："我能看出来你真的很生气。""我能看出来你真的很伤心。""我知道这个时候你很难过。"然后保持沉默，相信孩子能处理好自己的情绪。

其实，不管是孩子还是成人，只有感觉好时才能做得更好。而当"情绪小怪兽"来临的时候，我们是没有办法处理好事情的。东东小的时候，非常喜欢一只大熊，她把大熊放在自己的房间里，她喜欢躺在大熊身上放松自己，小伙伴来了她也喜欢带她们和大熊一起玩，她还给放大熊的区域取了一个名字，叫"熊猫家园"。当她的"情绪小怪兽"光临的时候，我就会问她：要去你的"熊猫家园"吗？

往往，这个积极暂停处置，可以帮助她冷静下来。

因此，通过了解"掌中大脑"的工作原理，成为孩子处理情绪的榜样，允许孩子有自己的情绪，引导孩子设置积极暂停区，可以帮助孩子认识情绪、了解情绪、表达情绪、处理情绪，帮助我们解决"情绪小怪兽"来了该怎么办的问题。

孩子的哪些技能是可以通过练摊儿培养的？

抖音博主"岸公子"是我堂妹，她有一家自己的印刷公司。那是一家拥有专业设备和技术的公司，能够完成各种类型的印刷工作，包括商业印刷、包装印刷、宣传品印刷等。

每年快过年的时候，她都会给我们寄来一箱她们公司制作的红包。2022 年春节前寄来的，除了红包，还有公司新推出的产品——财神爷冰箱贴、春联等。

往年，东东就拿着这些红包练摊儿。去年她和好朋友丫丫一起在小区里摆摊，赚了 29 元，还为如何分配所赚的钱讨论了半天。

今年，东东练摊儿的时候除了拿了红包，还拿了冰箱贴、春联，还带上了妹妹小恐龙。

01

"叔叔，您买红包吗？"看到迎面走过来一个年轻男人，东东鼓起勇气上前问道。

"不买。"年轻人拒绝得挺干脆。

"好的，谢谢。"东东不忘向人家致谢。

"阿姨，您买红包吗？"看着一个提着菜经过的中年妇女，东东又上前问道。

"不买，家里已经有了。"中年妇女回答。

"好的，谢谢。"

就这样，连续问了好几个人，没有卖出去一个红包。

东东坐在小摊前，有点沮丧。

看着东东郁闷的样子，我问她："这些叔叔阿姨都不买红包，怎么办呢？"

东东的斗志又燃起来了，手一摆，说："继续问下一个客人呗。"

"屡败屡战，非常好。我们带的东西，只有红包吗？"我鼓励她并追问。

东东好像突然想起来什么似的："哦，对了，还有冰箱贴和春联。"

"如果下一个客人还是不买红包，我们可以怎么说呢？"

"我可以试试推销别的东西。"

"那就试试？"

"好。"

过了一会儿，一个穿着时髦的美女过来了。

东东迎了上去，微笑着问："姐姐，买红包吗？"

"家里已经有很多红包了，不买了。"美女姐姐也微笑着回应她。

东东不死心，继续问："姐姐，那要不要看看财神爷的冰箱贴？非常喜庆。"

听到这话，美女露出了好奇的眼神，饶有兴趣地说："好啊，给我介绍介绍吧。"

"你看，这个就是我小姨设计的财神爷冰箱贴……"

就这样，东东成交了 2023 年的第一单生意。

02

慢慢地，东东对卖红包这个业务越来越熟练了。她对每一种红包的价格都了如指掌，还能够熟练地介绍各种红包。

"小朋友，这个小红包怎么卖？"有顾客主动上门咨询了。

东东热情地回应："36 个一包，一包 12 元。"

"好，我买一包。那这个大红包呢？"顾客又问。

"10 元。"

"里面有多少个呢？"

"有的 8 个，有的 10 个。"

"怎么这么贵呢？算了，我就只要这个小红包吧。"

最后，顾客嫌大红包贵，只买了小红包，走了。

等顾客走远，东东问我："妈妈，顾客嫌红包贵怎么办？"

我反问她："你觉得贵吗？"

东东想了想，说："还好吧。"

我继续问："你知道商场里一包大红包卖多少钱吗？"

东东挠了挠头，说："不知道，你给我介绍一下呗。"

"好，下次去商场的时候自己记得观察一下，我现在可以告诉你，普通的红包一般卖五六元，质量好一点的卖到十几元。"

听我介绍完，东东问我："那些卖十几元的红包和小姨公司的红包比，哪个质量更好一些呢？"

"我觉得是小姨公司的红包质量更好，因为小姨是做高端红包订制的。"我直接回答她。

"哦，那我明白了。"

我们刚刚聊完，又一个顾客来了。

"阿姨，买红包吗？"东东笑着招呼。

"这个大的红包怎么卖？"

"一包 10 元，质量非常好的，我小姨设计、自己厂家生产的，您可以打开来看看。"东东自信地介绍道。

"好的，那我买一包。"顾客听完东东的介绍，微笑着回应。

03

连续卖了两个多小时的红包后，东东累了。

"妈妈，你来帮我看一下摊行吗？"东东向不远处的我求助。

在附近看书并观察她们俩做生意的我走到她们俩面前，回答说："宝贝，不行。"

东东继续恳求道："妈妈，就帮我们看一会儿，我玩一下就回来。"

"不行，这是你的摊儿。如果实在累了，我们可以提前收摊，没有关系的。"有点心狠，但我还是拒绝了她。

东东想了想说："那我还是再坚持 10 分钟吧。10 分钟，我就收摊，等收摊了我再去痛痛快快地玩。"

"可以，你决定就行。"我表示支持。

10 分钟后，姐妹俩整理摊位的东西，然后搬回家，又约上小伙伴，去小区玩去了。

04

过年的时候，我问东东，今年练摊儿学到了什么？

东东说："练摊儿，胆子要大，要主动，要坚持。"

"还有吗？"我继续问。

东东想了想说："还有，当一个东西推销不出去的时候，可以试试另一样东西，每个人需要的东西可能不一样。"

"是的，总结得非常到位，还有 3 点是妈妈想要跟你分享的，第一，如果自己的东西好，就要相信它的价值；第二，自己负责的事情要负责到底；第三，要会工作，还要会休息。"我补充道。

不知道东东有没有听懂，不过，我看见她认真地点了点头。

其实，通过卖红包练摊儿能赚到的钱并不多，但是，让孩子练摊儿，能让他们体验创业的乐趣和责任感。在确保安全的基础上，选择一个合适的产品，指导孩子和别人沟通，可以培养孩子的社交技能，让孩子学会与人交流和合作；可以培养孩子的经营技能，让孩子学习如何经营自己的摊位；可以培养孩子的经济意识，让孩子可以通过摆摊学习如何通过进货、销售商品赚取收入；还可以培养孩子的感恩意识，我们告诉东东，货是小姨免费提供的，但如果卖别的东西就得自己进货了，另外，小姨公司生产也要成本，所以，别忘记了用赚来的钱给小姨的孩子买套书寄回去。

练摊儿，其实就是为了历练孩子，我们成年人就是在一次又一次的历练中成长的，孩子也一样。

还记得你曾经也是个孩子吗？

01

一天中午，我正睡着午觉，迷迷糊糊中听到东东翻来覆去的，我眼睛都没有睁开，伸手拍了一下她的屁股，嘴里对她低低地吼了一声："赶紧睡！"

没过一会儿，闹钟就响了。

东东"唰"一下坐了起来，嘟着嘴，委屈地对我说："妈妈，我已经睡了一觉了，刚刚是睡醒了。你是不是以为我还没有睡？"

我点了点头。

"你误会我了。"

"宝贝，对不起，妈妈还以为你一直没睡，在那玩呢。要不，你拍一下妈妈的屁股？"

我翻过身去，做好了被拍一下屁股的准备。

"啪"的一声。

但是，这不是手打到屁股的声音，而是东东凑到我跟前亲到我脸上的声音。那声音清脆悦耳。

顿时，我的心里既有内疚又有感动。

原来，孩子比我们想象中更爱我们，孩子比我们想象中更容易原谅我们。

02

睡前陪东东聊一会儿天，是我们家的惯例。一天临睡前，东东问我："妈妈，什么叫魅惑？《斗罗大陆》里的小舞就有魅惑能力……"

我还没有来得及回答，她已经迫不及待、滔滔不绝地向我讲起了《斗罗大陆》里的故事。

没听一会儿，我的眼皮就打架了。白天上了一天的课，困意早早来袭了。

我说："东东，妈妈想睡觉了，你明天再讲行吗？"

东东说："你睡吧，之前是你给我讲睡前故事，今天该换我讲了。这是我给你讲的睡前故事，你边听边睡好了。"

由于实在太困了，听了东东的话，我笑着入眠了。

第二天中午准备午睡时，东东又说："妈妈，我给你讲讲《寻宝记》里面的故事吧。"

那天其实我很累，但是看着她充满期待又渴望分享的眼神，我想起了郑渊洁在一篇题为《女儿给我讲了十二年的故事》的文章中写的一段话：

在孩子的成长过程中，如果孩子和监护人的话越来越少，是警钟。监护人需要立即做出调整。孩子不愿意和父母说话，是危险的事，证明父母不合格。

是啊，孩子与父母之间一定是存在着沟通和交流的需求的。如果父母没有与孩子建立良好的沟通和互动，或者父母与孩子的交流方式不恰当，久而久之，孩子可能会感到孤独和不被理解，从而不愿意与父母交流。如果孩子已经把自己的心门关上了，也对父母没有倾诉的欲望了，那我们做父母的，去哪里了解孩子的想法和感受呢？

那天中午，我是认真听完孩子讲述的《寻宝记》才微笑着入眠的。

虽然，我和东东爸爸在养育孩子的过程中，也有烦躁不安的时候，也有着急上火的时候，有时也会怀疑自己是不是合格的父母，但还好，孩子的接纳和爱治愈了我们，让我们带着不完美的勇气继续前行。

03

2022 年的时候，东东主动报名参加了班级的"六一"文艺表演。看到她主动报名参加表演，我感到非常惊喜。要知道，以前她可是我们推着上去也不太乐意的啊。

她和好朋友小祺、小蕊排了一个节目——《芒种》。

小祺唱歌，东东和小蕊跳舞。

她们仨已经排练了几天，也邀请我看了两次。

说实话，动作单一，没有什么特别出彩的地方。

"六一"前的一天晚上，东东在我们家客厅又排练了一次。排练完，她的眼神充满期待，脸上带着些许羞涩的神情，声音有点怯怯地问我："妈妈，我的舞跳得怎么样？"

我硬着头皮说："还行。"

"什么叫'还行'啊？"

"还不错啦，就是动作比较单一。"

"哦。"

东东听完，有些难过，还有些失望。

看着东东有些丧气的样子，我突然就醒悟了：孩子自己编的舞蹈，是不能用我这样世俗的眼光去评价的。我要看到的，应该是孩子跳舞时脸上的笑和眼里的光啊。

于是我赶紧弥补："你们的舞蹈动作不多，但是，你们的表情很丰富，笑容很灿烂，妈妈相信，到时候你们的快乐会感染到大家的。"

"如果同学们不喜欢我们的节目怎么办？"东东又不放心地追问道。

"关键是你们跳得开不开心？唱得开不开心？"

"开心啊。"东东肯定地回答。

"开心就足够了。"

看着东东笑着跑开的身影，我也笑了。这时候，我的脑海里浮现出艾弗列德·德索萨的经典名句：

去爱吧，就像不曾受过伤一样；

跳舞吧，像没有人欣赏一样；

唱歌吧，像没有任何人聆听一样；

工作吧，像不需要钱一样；

生活吧，像今天是末日一样。

多么希望，多年以后，我的孩子和我，还能拥有这样的生活热情。

04

"每个大人都曾经是孩子，只是我们忘了。"

这是出自《小王子》的一句话，也是我特别喜欢的一句话。

当我们是孩子的时候，我们渴望长大。但当我们长大了，却很容易忘记自己儿时的样子。我们不记得孩子也有孩子的快乐、悲伤，也会遇到挫折，也会有痛苦。那个小小的世界里，充满了爱和希望，也有过痛和纠结。

做父母，真的是一场长长的修行。

有时候，我们可能会误解孩子；有时候，我们可能会忽视孩子；有时候，我们可能会看不见孩子。这就需要我们在误解孩子之后及时修复情感，在忽视孩子之后记得花时间陪伴，用心去感受孩子成长的点点滴滴。同时，提醒自己，要看见孩子，看见孩子的努力和付出，看见孩子的成长和进步。

对于父母来说，这条修行之路走起来可能并不轻松，会遇到各种困难和挫折，但是，只要我们注重自己的学习和成长，保持爱孩子的信念，尽可能地让孩子感受到关注和温暖，注重孩子品格、体能、心理素质的培养，我们就一定能够克服修行路上遇到的所有困难和挑战。

愿我们都能在陪伴孩子成长的过程中，找回自己的本心，也能静下心来倾听孩子的声音。

//

孩子慢慢长大的过程中，父母应该怎么做？

//

有了孩子之后，我明白了：养育孩子的过程就是人生修炼的过程。在这个过程中，我们需要学会理解他们的情感和需求，在他们遇到问题时进行协助，与他们保持良好的关系并与其友好相处……

01

一个对东南亚非常熟悉的朋友策划了一次新马亲子游，其中的一个景点是新加坡的圣陶沙水上探险乐园。考虑到行程中有不少需要下水的活动，我们备好了救生衣及浮潜所用的各式装备。在水上探险乐园的时候，东东不愿意离开我们半步，两只小手紧紧地抓住爸爸。而同行的丫丫，早就离开了爸爸妈妈，一个人在自由地漂浮。东东很羡慕丫丫，但无论我们怎么鼓励她，她都说，好怕好怕。如果我们轻轻地推开她，她就吓得哇哇叫，更害怕了。

在马来西亚的热浪岛，第一天下海时，我们认为有了圣淘沙的经验，孩子应该不那么怕水了。然而她还是一样，紧张得要么紧紧抓住爸爸的救生衣，要么紧紧搂住爸爸的脖子，怎么也不肯松手。

但到了第二天上午，当我们再次鼓励她尝试松开手的时候，她突然就放开了我们，自己漂起来了，我们一看，都惊喜地叫起来，并大声地表扬她："身体很放松，做得很好。"

下午，她跟着我们在深海里游了一个多小时，并且反复强调不要我们的保护，让我们自己游自己的。

这是亲子游她给我们最大的惊喜。

可以放开双手利用身上的救生衣到处漂浮了，东东很是骄傲。爸爸说，那就开始学浮潜吧。东东答应了。可是，等我们拿出浮潜的装备时，东东却不愿意戴上。无论我和爸爸如何描述水下的鱼儿有多漂亮，小家伙就是一句话："我在水面上也看得见。"

第二次下水，东东还是这个态度，不过，听到我们不断形容着美丽的水下世界，并且带着她从高处欣赏斑斓的珊瑚，东东终于动心了。于是，我把东东交给爸爸后就上岸休息去了。

我看着爸爸一开始在不断地鼓励东东，后来着急了，有些焦躁地吼了她一声。东东呢，在爸爸的鼓励下先是答应尝试，但可能觉得面罩套在脸上难受，挣扎着把面罩摘下来。被爸爸吼，她哭了。爸爸意识到自己的态度有些过激，赶紧调整自己的情绪，又耐心地一步一步引导东东去适应。于是，东东先戴上浮潜镜憋气到水下看了一眼美丽的海底，再抬起头来，和爸爸交流看到的一切。因为看到了近在咫尺的美丽鱼儿，小家伙兴奋极了，不再对浮潜那么抗拒。她主动戴好呼吸管，配合着浮潜镜一起用，直接潜到了水里，一会儿，她把头伸出水面，冲着我大喊："妈妈，好多鱼啊，五彩缤纷的鱼，好漂亮啊！"

我也在岸上开心地笑。

整个学习浮潜的过程，我看见了她尝试，她哭闹，她挣扎，也看见了她大笑，她骄傲。

小小年纪的她有时也会在我面前"投诉"说爸爸对她要求太高了。有时，我也会跟军人出身的先生说，东东还是个孩子，就不要太苛刻了。不过，更多的时候，我并不干涉先生的管教方式。我想，对东东来说，她始终要学会和不同的人相处，也需要提高适应不同环境和情境的能力，那么，就让她先适应父母不同的教养方式吧。

02

还是在热浪岛上，爸爸妈妈们在楼下的露天游泳池玩得不亦乐乎。

爸爸们组织了一次憋气比赛。因为东东爸爸经常锻炼，所以憋气憋了近2分钟，拿了第一名，在岸上观赛的东东骄傲地使劲儿给爸爸鼓掌。

轮到妈妈们比赛游泳了。50米的赛程，我用一点儿也不专业的"狗爬式"技术，游在了最后。一直在终点等待的东东有点难过地对我说："妈妈，我使劲儿地给你加油了。"

哈哈，宝贝，我知道你希望妈妈赢，妈妈没有赢你觉得很遗憾，可是，游泳是为了得到锻炼，参加妈妈们之间的比赛是妈妈为了鼓励自己多游一会儿，而这些，妈妈都已经得到了，这就足够了。

在爸爸妈妈陪伴你长大的过程中，你也会慢慢发现，爸爸妈妈对你有期待，你对爸爸妈妈也会有期待，这些期待有时会实现，有时也会落空。

03

平时，我们是要求东东晚上 9 点之前上床睡觉的，有天晚上，她洗头洗了一个多小时，拖到了 10 点才上床睡觉。快到 11 点的时候，我听到外面有声响，这才发现，原来这家伙根本没有睡，还在上洗手间呢。

这不，第二天早上 6 点 45 分，我叫她起床的时候，她还是迷迷糊糊的，等我洗漱完毕，发现她又睡回去了。

过了一会儿，她才起床，然后洗漱穿衣，等到了停车场，已经 7 点 36 分了。路上堵车，10 分钟的车程，开了 35 分钟，到学校的时候，她已经迟到了。

看着她还是不紧不慢的样子，我想起了那篇《牵一只蜗牛去散步》——

上帝给我一个任务，叫我牵一只蜗牛去散步。

我不能走得太快，蜗牛已经尽力爬，每次总是挪那么一点点。

我催它，我唬它，我责备它，

蜗牛用抱歉的眼光看着我，仿佛说："人家已经尽了全力！"

我拉它，我扯它，我甚至想踢它，

蜗牛受了伤，它流着汗，

喘着气，往前爬……

带孩子的过程中，我也常常有一种牵着蜗牛散步的感觉。看着蜗牛慢吞吞的，优哉游哉的，我那个急啊，都要上火了。可是，蜗牛不急，你再急有什么用呢？

于是，我不停地告诉自己：别生气，生气伤害的是孩子，也是自己。

慢慢来，每个孩子都有自己的节奏。

就像《牵一只蜗牛去散步》中的最后一句所说：

莫非是我弄错了！原来上帝是叫蜗牛牵我去散步。

04

是啊，宝贝，你一定会慢慢地长大，也许，你没有丫丫、安迪那么多才，没有畅畅、天天那么勇敢，可是，爸爸妈妈也看到了你的努力，还有你的善良、坚强、勇敢、乐观。爸爸妈妈允许你跑得慢，因为我们相信，那是你成长的节奏，单单属于你的，那也是考验爸爸妈妈最好的机会。在成长的过程中，你也会发现，和这个世上的很多爸爸妈妈一样，你的爸爸妈妈也很普通，并没有你想象中那么强大，那么完美。不过，和这世上所有平凡但爱着孩子的父母一样，爸爸妈妈愿意倾听你的心声、尊重你的想法、支持你的决定，做你最坚强的后盾。让爸爸妈妈陪着你，一起，慢慢成长。

你知道为什么无为比有为更难吗？

当妈妈的时间越长，我就越有一种感觉：无为比有为更难。为什么会有这样的感受？且听我一一道来。

01

睡觉之前，如果没有什么特殊情况，我都会在床上先陪陪两个孩子。这时我一般就只问一句话："你们俩今天有什么想跟妈妈分享的啊？"

此时两个娃就会争先恐后地开始说了。

这个倾诉的过程，我是不会打断她们的，除非是她们中的一个打断了另一个，两人吵起来了，我才会制止；或者是时间太长，再说下去就影响睡眠了，我才会给出提醒："只能再说两分钟了。"

有时候，孩子会告诉我在学校发生的好玩的事情；有时候，孩子会告诉我在学校受到的委屈；有时候，孩子会告诉我哪个老师讲了一个什么样的故事……

她们说的时候，我就安静地躺在两个孩子中间，什么也不做，只是倾听，不给予任何的评判，也不给予任何的建议，除非孩子有要求。其实，我也是当了好几年的妈妈之后，才慢慢知道家长的倾听对孩子的成长有多么重要的作用的。比如，可以让孩子感受父母对自己的尊重，可以让孩子更好地理解自己的情绪和想法。最重要的是可以帮助孩子培养他们的表达能力，并建立良好的人际关系和自我认知。

02

一天，东东吃饱饭准备下餐桌的时候，我叫住了她，用手指了指餐桌上东东吃饭时洒下的饭粒。东东明白了，马上用纸巾把饭粒包起来，放在自己吃完饭的碗里，然后才离开餐桌。

一次画画后，东东的书桌弄得乱七八糟的，她却跑出去玩了。我没有帮忙收拾，也没有批评她，只是在她回来之后，用手指了指书桌，又指了指马克笔盒，东东马上就懂得我的意思，立刻把书桌上的画笔收进了笔盒。

这些年来跟孩子相处，我发现了：跟孩子说多了，孩子容易反感。记得有一次，东东玩游戏的时间超出了我们约定的 25 分钟，我生气了，就批评了她。后来又担心她下次还会这样，就忍不住又教育了她一会儿，结果，她很生气地反驳我说："本来我还有点内疚的，现在被你说了那么久，一点内疚感都没有了。"顿时让我很汗颜。原来，很多时候，什么都不做，给孩子一些反省的时间，或者给一些非语言信号，可能比语言更"响亮"、更有用。比如，孩子做错事的时候，做一个打屁股的动作，同时加上声音"啪啪"，孩子就知道自己犯错了。再如，送孩子上学的时候，在胸前做一个比心的动作，孩子就知道妈妈在向她表达爱。

03

因为早上起床之后拖拉，东东迟到了几次，被老师批评了，于是，我和东东一起制作了周一到周五起床后的安排惯例表，约定一起执行。

在这个惯例表上，我们写清楚了早上几点几分起床、几点几分上洗手间、几点几分刷牙洗脸、几点几分穿衣服穿鞋，并且留出了一点自由支配的灵活时间。

有时起床后，东东想赖一会儿床，就会跟我说："妈妈，妈妈，我想再睡一会儿，就一会儿嘛，真的，就一会儿。"我微笑着不说话，按自己的惯例表有条不紊地执行。不一会儿东东就跟着出来了。

其实，一开始的时候，我也催过她。催一遍，不行，再催一遍，还是不行，最后生气地大声吼了，她才慢吞吞地起来。再到后面更离谱，好像前面的催促都被过滤了，只有吼她才有反应。

直到我学习了"惯例表"的制作和"约定"的规则，才有了上面这样的效果。在执行"惯例表"之前，我事先会告诉孩子我要做什么，并且确认孩子是否明白了，同时也问孩子："按照你的惯例表，你接下来要做什么了？"

整个过程都和善而坚定地执行，执行的过程中不说一句话。因为我知道有时最有效的办法是：只做，不说。

只做不说，这个看似"无为"的背后，是家长的以身作则。而家长以身作则可以让孩子养成良好的习惯，让他们知道自己应该怎么做，并能够按照这些要求去做，感受到自己的责任和义务，建立良好的自我管理习惯，同时，也明白自己的言行对他人的影响，有助于培养良好的社会责任感。

04

《50个教育法》的作者陈美玲，培养出了3个斯坦福大学的儿子。她不会为了提高孩子的分数去报补习班，而是攒下这些补习费，带全家去日本的水族馆看大儿子喜欢的鱼。

看上去，在儿子提高分数的道路上，她的做法是"无为"，但陈美玲说，学习如果仅仅是为了提高分数，那他们学得会很辛苦，这样反而丧失了对学习的热情，要在他感兴趣的事情上引导他们去学习、去感受快乐。

有人说"女本柔弱，为母则刚"，好像一个弱女子，一旦成为母亲以后，为了呵护自己的儿女，就会变成超人，无所不能。

其实，女子也有无助的时候，只是为了孩子，我们愿意做很多很多的事情，去承担"妈妈"这个角色的责任。

作为妈妈，日常生活中，有时候无为，比如闭上自己的嘴巴，比有为更重要，它可以帮助我们更好地掌控自己的情绪，避免过度焦虑和紧张。同时，它也可以让我们更好地理解和应对外界的问题和挑战，增强我们的自信心和自我认知。

另外，因为要经常提醒自己记得"无为"，这样，我们会更专注于自己的行动和表现，始终保持专注和自信，不断积累自己的经验，让自己真正地成长和进步。孩子在父母的"无为"中，也能学会对自己的事情负责，对自己的成长负责。

怎样才能让错误成为学习和成长的机会？

作为一名家庭教育讲师，我经常会跟听众分享一句话：孩子成长
过程中的每一次错误，都是一个难得的机遇，是培养孩子品质与人生
技能的绝好机会。

01

周一早上，东东没有按"惯例表"的节奏去做事情，结果到了和
爸爸约定的时间，还没有做完手头的事，爸爸因为要赶着去开会，所
以没有等她，自己上班去了，她只能跟着爷爷留在家里。等我回到家
的时候，一看见我，东东就很委屈地告诉我："妈妈，我今天不能补
拍毕业照了。"

"嗯，妈妈知道，没有赶上上学的时间，不能补拍毕业照，你一

定很难过，对吗？"

"是啊。"

"妈妈理解。那明天早上，我们起床后该怎么做呢？"

"早点起床，或者按照"惯例表"快速做好自己该做的事情。"东东认真地回应道。

"好，那如果速度还是慢了，你需要妈妈怎么提醒你呢？"

"抱一下我，拍一下我的后背。"

"好的。"

其实，在孩子成长的过程中，犯错是每个孩子都要经历的。作为父母，我们要对犯了错的孩子表示同情，并且善意地回应孩子，而不是在孩子犯错的时候羞辱孩子或者进行喋喋不休的说教。同时，父母可以在合适的时候，把孩子犯下的错误当成孩子改正错误、调整自己行为的机会，使用启发性问题，帮助孩子认识到错误的后果，并让孩子懂得下一步该如何调整。

02

东东吃饭的速度比较慢，爷爷都要收拾碗筷了，她还在慢慢吃，有时候甚至能吃上一个小时，提醒了也没有多大效果。看到这种情况，我的感受是担心和恼怒。一方面，担心吃凉的饭菜对身体不好；另一方面，我觉得这个速度实在是太不像话了。根据错误目的表，我辨别东东行为的错误目的是"寻求过度关注"和"挑战权威"，行为背后可能的信念是"请注意我，请让我参与""让我来帮忙，请给我选择"。"寻求过度关注"是想要让别人忙碌或得到特殊服务；"挑战权威"是想要自己说了算。根据错误目的表最后一栏的建议，我这样跟东东沟通——

"东东，看到你吃饭需要花那么长的时间，妈妈既担心又烦恼。有什么办法可以解决这个问题吗？"

"你们帮我盛那么多米饭，又要我吃完，我当然慢了。"东东有点委屈地说。

"嗯，你觉得给你盛的米饭多了，是吗？"

"是啊，我不要那么多，爸爸又不同意。"

"那你希望怎么做呢？"

"我希望可以自己盛饭，我自己决定自己吃多少。"

"好的，那我们下一次盛饭时告诉你，你就赶快过来自己盛，可以吗？"

"可以的。"

正面管教中有一个被喻为"价值千金"的错误目的表，我们可以使用错误目的表选择一个问题行为，观察一下这个问题行为发生时自己的感受，并且回忆一下发生这个行为时自己是如何应对的，以及孩子被制止时的反应是什么，然后使用错误目的表来辨别孩子行为背后可能的原因，并尝试根据错误目的表最后一栏的建议，鼓励孩子行为发生改变。

03

有段时间东东在喝中药调理肠胃。医生交代中药要饭后喝，所以早上她得在家吃完早餐、喝完中药才能上学。因为中药很苦，她不想喝，有时就会在饭桌上磨蹭半天，直到药都凉了还没有喝完。我们能理解她，但早上的时间安排得很紧张，看着时间一点点地流逝，我们很焦躁，一天早上，我还大声批评了她。后来我反思了一下自己，觉得自己实在是太着急了，于是东东放学后我跟她说："东东，早上妈妈对你的态度太粗暴了，对不起。"孩子是如此宽容大度，她马上回答："妈妈，没关系的。""我知道，药很苦，你不太愿意喝，但喝这个药对身体好，所以还是要喝，有什么办法可以让你尽快喝完这个药呢？""妈妈，还是用回那个漏斗吧，我和时间赛跑，我要 3 分钟喝完药。"

当我们意识到自己犯了错误，可以在冷静下来后，按照以下几个步骤处理：第一步是以负责的态度承认错误；第二步是和好、道歉，我们会发现孩子是如此宽容大度；第三步是解决，父母可以和孩子共同寻找解决办法。

有一位母亲曾经在简·尼尔森的父母课堂上问她，自己的孩子爱顶嘴该怎么办？简·尼尔森引导她用正面管教的工具把这个"爱顶嘴"的问题转化为期待的品格与技能：有独立思考的能力，有主见，沟通能力强，后来，这个孩子成为美国一家知名律师事务所的律师。

如何让错误成为学习和成长的机会？除了以上几个方法可供参考，我们还要知道，不管是成人还是孩子，都要认识到犯错误是不可避免的，这将有助于我们重新审视自己的行为和态度，并帮助我们更好地理解自己的错误。另外，在犯错误之后找到犯错误的原因，并找到一个能够改正错误的方法，这可能包括寻求帮助、反思自己的行为、与他人沟通等，直到最后学会解决问题。

你会爱孩子吗？

美国心理学教授盖瑞·查普曼博士和罗斯·甘伯博士在《儿童爱之语》中讲到，人们在表达和接受爱时基本上有 5 种爱的语言：身体的接触，肯定的言辞，精心的时刻，接受礼物，服务的行动。

那作为父母，我们使用过爱的语言向孩子表达爱吗？孩子能感受到我们的爱吗？

身体的接触

东东爬山时光顾着玩，没有跟上小伙伴，走着走着又累了，就吵着要我们抱着走。上山之前我们约定了今天爬山要自己走，所以我和东东爸爸都没有答应她。于是她发脾气了，又是哭又是闹。发现哭闹我们也没有答应抱她走，她闹得更凶了，甚至坐在了地上，边闹边观察我们的反应。我们是又好气又好笑。我蹲下身来对她说："我

知道东东希望爸爸妈妈抱着走，但时，我们上山之前的约定是什么
呢？"她顿了一下，但还是继续哭闹。我又继续对她说："东东，妈
妈需要一个你的拥抱。"说着，我张开了怀抱。她看了我一眼，说：
"不！"我还是坚持说："宝贝，我真的非常需要一个你的拥抱。"
这一回，她终于抱紧了我，并在我的怀里哭了好一会儿，慢慢平静下
来，跟我们一起继续爬山。

拥抱是身体的接触，它作为一种爱的语言，可以帮助人们放松
身心，释放身体的压力，缓解紧张情绪和焦虑感，使人感到放松和平
静，提高心理健康水平；可以让人们感受到亲密和支持，增强情感连
接和信任感；可以使人们更容易与人沟通和交流，增进理解和信任；
可以带来安慰和支持，减轻孤独感……

因此，当孩子发脾气时，我们做父母的，可以尝试要求孩子给我
们一个拥抱。如果孩子拒绝了我们，我们可以重复一遍："我需要一
个拥抱。"

要是孩子这个时候情绪不佳，还是拒绝的话，父母可以继续要
求："我暂时离开一会儿，但我还是需要一个你的拥抱。等你准备好
了就告诉我，好吗？"

我们可能会惊奇于接下来发生的事情。

当孩子愿意拥抱我们了，很多事情就迎刃而解了。

肯定的言辞

学校刚开始要求孩子自己收拾书包时，东东情感上能接受，
但看着书包，她还是有些退缩，用求救的眼神看着我们，说："爸

爸妈妈，我不会。"我对她说："第一次收拾自己的书包，有点困难，我们理解，不过，我们相信你能自己解决。开始收拾吧。"

看到我们没有帮忙的意思，东东自己动手了。过一会儿，就听到她的声音："收拾好啦。"我们一看，虽然有点凌乱，但这是她自己的劳动成果，而且，对于一个不足 5 岁的孩子来说，真的很不错了。所以我们赶紧鼓励她："这么快就把东西都收齐了，很骄傲吧？"她重重点了点头。

在家长课堂上学习表扬和鼓励的区别时，我懂得了"偶尔表扬孩子没有问题，就像孩子偶尔吃糖是可以的。但经常表扬孩子可能会让孩子患上'寻求认可上瘾症'，我们需要通过描述性鼓励来看见孩子，通过感激性鼓励来感谢孩子，通过授权鼓励来相信孩子。"

在刚刚描述的这个案例中，我就通过"我们相信你能自己解决""这么快就把东西都收齐了，很骄傲吧？"这样的授权鼓励和描述性鼓励对孩子进行了肯定。

当我们用肯定的言辞对孩子表达信任时，孩子除了可以感受到我们的爱，还可以拥有更多处理问题的勇气和对自己的信任。

精心的时刻

"谢谢爷爷，每天给我们做那么多美味的食物。"

"谢谢爸爸接我上学、放学。"

"谢谢妈妈每天给我讲故事，陪我玩。"

……

这是我们家家庭会议上东东向家人致谢的一个片段。自从系统地学习了鼓励咨询和正面管教之后，我家就开始了一周一次的家庭会议。

家庭会议有几个流程：第一个环节是致谢和感谢；第二个环节是评估上周问题的解决办法是否可行，要不要调整；第三个环节是讨论下一周的活动计划；第四个环节是趣味活动。

家庭会议中的趣味活动环节，是我们一家人都喜欢和期待的"精心的时刻"：一起品尝一个甜品，一起玩一个小游戏，或者进行角色扮演。记得有一次，家庭会议前东东的玩具没有收拾好。趣味活动时，她的爸爸就扮演一个怪兽，举起双手发出怪声："我是吃玩具的怪物，我专门吃那些被小朋友散落在地上的玩具，我来吃玩具啦！"东东哈哈大笑地抢着在爸爸把玩具"吃掉"之前把玩具收拾起来。

这样"精心的时刻"，成了我们家非常好的连接工具，可以帮助孩子学会生活技能，也让我们一家人感受到温暖和爱。

除了身体的接触，肯定的言辞，精心的时刻，有时候，我们还会准备一份孩子喜欢的礼物，或者在孩子不舒服的时候帮忙按摩，用"接受礼物""服务的行动"的方式向孩子表达我们的爱。

美国已故儿童大师海姆·G·吉诺特在他一生的力作《孩子，把你的手给我》中说："我们不但要有一颗爱孩子的心，更要懂得如何去爱孩子。"

是的，学习如何去爱孩子，让孩子感受到我们的爱，是我们作为父母一生的功课。